多重物化-生物工程耦合的油气田污染控制理论与技术

金鹏康　周立辉　著

U0389529

科学出版社

北京

内 容 简 介

本书基于作者近二十年在油气田污染控制相关理论和技术方面的研究工作,详细介绍油气田开发过程中的环境污染治理现状和复合型污染特征,深入阐述多重物化-生物工程耦合技术的原理,并列举了多重物化-生物工程耦合技术在油气田污染控制工程中的应用实例。

本书主要面向环境科学与工程、石油工程相关领域的研究人员和工程技术人员,也可为高校相关专业师生提供理论和技术参考。

图书在版编目(CIP)数据

多重物化-生物工程耦合的油气田污染控制理论与技术 / 金鹏康,周立辉著. —北京:科学出版社,2024.5
ISBN 978-7-03-074524-8

Ⅰ. ①多…　Ⅱ. ①金…②周…　Ⅲ. ①油气田-环境污染-污染控制　Ⅳ. ①X741

中国国家版本馆 CIP 数据核字(2023)第 004031 号

责任编辑:祝　洁 / 责任校对:郝甜甜
责任印制:赵　博 / 封面设计:陈　敬

科 学 出 版 社 出版
北京东黄城根北街 16 号
邮政编码:100717
http://www.sciencep.com

中煤(北京)印务有限公司印刷
科学出版社发行　各地新华书店经销

*

2024 年 5 月第 一 版　开本:720×1000　1/16
2025 年 1 月第二次印刷　印张:10 1/2
字数:200 000
定价:138.00 元
(如有印装质量问题,我社负责调换)

前　言

我国是目前世界第二大经济体，也是世界第一大石油和天然气进口国。2021年，我国原油和天然气对外依存度分别达到了 72.0%和 44.4%，严重威胁着我国的能源安全。因此，提高我国油气采收率已成为一个广受关注的国家能源安全问题。油气田开发过程中产生的高悬浮固体、高黏度、高盐分、高有机钻采废液及含油污泥的无害化处置和资源化利用一直是油气开发领域的国际难题。本书是作者在二十年油气田开发污染控制相关理论和技术研究工作的总结，在历时多年的理论研究与技术创新基础上，针对钻采废液中污染物的结构特征和转化特性，攻克了目标污染物定向改性、相间转移、强化富集、无害化分解等一系列技术难题，研发的多重物化-生物工程耦合的污染控制与资源化利用技术成功应用于多个油气田钻采废水与含油污泥处理工程中。

物化-生物工程耦合技术是现阶段多元复合污染物处理的国际前沿研究方向。作者针对油气田污染物控制的实际需求，拓展并延伸了该处理技术的应用范畴。本书撰写的基本思路之一是注重污染物来源、成分与物化-生物耦合技术的有机联系，系统地阐述了油气田污染控制过程中的难点及其应对解决原理；基本思路之二是以原理和应用作为两个分支，注重读者选择性阅读的需求，将油气田污染问题与多重物化-生物耦合技术的原理集中在前面的章节，多重物化-生物工程耦合技术应用集中在后面的章节；基本思路之三是注重原理与技术的实用性，结合一定的应用实例，根据处理对象分别论述多重物化-生物工程耦合技术特点与应用效果。

基于上述思路，本书由 6 章构成。

第 1 章为绪论，着重论述油气田开发过程中所遇到的环境问题，以及油气田开发环境问题的治理现状，并介绍多重物化-生物工程耦合技术原理。

第 2 章基于仪器分析介绍油气田开发过程中废水的基本性质，综合阐述油气田多元复合污染物的特性，并利用水质矩阵方法评价油气田废水的处理性能。

第 3 章集中论述油气田废水中难处理污染物的化学转化技术，以臭氧氧化、臭氧催化氧化及铁碳微电解氧化三个手段为重点，分别阐述不同化学氧化工艺的特点。

　　第 4 章以高浓度悬浊质去除为目的，阐述高分子空间位阻降低和胶体静电力抑制耦合的准稳态调控理论与收缩脱水致密化原理，提出延时搅拌造粒混凝、核晶凝聚诱导造粒混凝技术和微气泡气浮技术。

　　第 5 章重点结合含油污泥的基本性质与微生物群落特征，从油气田本源土壤筛选分离出的功能微生物菌剂对环境微生物繁殖和促进特性出发，论述了功能微生物诱导和土著微生物反向激励的协同降解原理。

　　第 6 章综合介绍多重物化-生物工程耦合技术工程应用，包括多重物化与生物工程耦合工艺的具体流程，以及在不同类型油气田的应用实例。

　　本书由西安交通大学金鹏康与中国石油天然气股份有限公司长庆油田分公司周立辉共著，第 1~4 章主要由金鹏康执笔，第 5、6 章主要由周立辉执笔。西安交通大学金鑫参与了第 3、4 章内容的撰写，西安交通大学石烜参与了第 5 章内容的撰写。本书部分数据来自金鹏康教授团队研究生张瑶瑶、赵凯、刘颖、刘岚、毛宁和王湧的研究工作。

　　本书相关研究工作得到国家自然科学基金委员会重点项目"黄河中上游油气钻井废水复合污染物的核晶造粒同步去除与随钻再生工艺原理"(52230001)、国家自然科学基金委员会面上项目"基于臭氧气载絮体多元微界面反应的循环水富集有机物控制原理"(52070151)和陕西省重点研发计划项目"能源开发与生态环境保护关键技术研究"(2021ZDLSF05-06)的支持，在此表示感谢。

　　由于作者水平有限，书中疏漏之处在所难免，请广大读者批评指正。

目　　录

第1章 绪 论

1.1 油气田开发过程中的环境问题

早在公元前，古埃及、古巴比伦和古印度等文明古国已经开始采集天然沥青，用于建筑、防腐、黏合、装饰、制药等领域，之后世界各地广泛出现了石油开采及应用的记载。19 世纪中叶，美国人艾德温·德雷克在宾夕法尼亚州建设了第一口用机器钻采的油井，从此揭开了近代石油工业发展的序幕。石油是工业发展所需燃料的重要来源，也是许多化学工业产品，如溶液、化肥、杀虫剂和塑料等的原料。20 世纪以来，人类社会经济飞速发展，能源消耗量日渐提高。随着石油大规模开发和内燃机技术的突飞猛进，石油以其不可思议的力量改变着世界的面貌，深入人类社会的各个领域，因此 20 世纪被称为人类的石油时代(田辉，2016)。

美国能源信息署的数据显示，我国是全球第五大石油生产国，2023 年油气产量当量超过 3.9 亿 t，但我国同时也是全球第二大石油消费国，自 2014 年成为全球最大的石油进口国，原油对外依存度超过 70%。同时，国家统计局数据显示，截至 2022 年，石油在我国能源消费结构中占 17.9%，且对外依存度较高。然而，人们在享受石油开发带来的便利时，却不得不忍受着石油开发造成的生态环境污染与破坏。石油开发过程中的勘探、钻井、管线埋设、道路建设及地面工程建设等活动会破坏固有环境体系，同时会产生措施废液、废弃泥浆、落地污泥等废液和固废，对区域的大气、水体、土壤、生物造成综合性、长期性、系统性的复杂影响。

国家统计局数据显示，2014 年我国石油和天然气开采业工业废水处理量达100211 万 t，排放量为 6146 万 t，烟(粉)尘排放量 0.8 万 t。2010 年，我国石油和天然气开采业工业固体废物产生量 206.61 万 t(其中危险废物 17.50 万 t)，排放量386 万 t。油气田生产过程所产生的上述措施废液、废弃泥浆、落地污泥等废液和固废主要含有石油类污染物、化学添加剂、酸类及重金属等污染物质(涂蓉，2013)。特别是主要由烷烃、环烷烃和芳香烃组成的石油类污染物，是难以降解、可在环境中持久存在的毒性有机污染物，会随着油气田生产作业不断积累，并在其迁移、转化过程中被生物富集放大，其浓度水平可能提高数倍甚至上百倍，对环境造成长久性污染，也会对人体造成致毒、致癌、致突变等严重危害，是生态环境和人体健康巨大的潜在威胁(涂蓉，2013)。

20 世纪 50 年代以来，我国勘探开发的油气田有 500 多个，分布在全国多个省、自治区和直辖市。各油气田的主要工作生产范围近 $2 \times 10^5 km^2$，覆盖地区面积达 $3.2 \times 10^5 km^2$，约占国土总面积的 3%。大规模的油气田开采所带来的环境污染问题是我国生态文明建设发展的重要隐患，因此如何实现油气田稳产开发与环境保护并重并行是过去数十年间人们所着力探索的油气田绿色开发之路(雷雪桐，2018)。

1.2 油气田开发过程中的环境治理现状

油气田开发的百余年历史进程中，石油天然气行业极大地推动了社会进步，改变了人类的生活。然而，油气资源开发利用给生态环境带来的负面影响也越来越明显，人类面临着能源与环境的双重挑战。世界各国纷纷研究油气产业给环境带来的负面影响因素，并且联合起来开展污染治理技术攻关研究，以期共同治理环境、保护环境。

油气田措施废液主要来源于钻井过程中产生的压裂废水、钻井废水和酸化废水，其中以钻井废水排放量最大。钻井废水主要是在钻井过程中由泥浆的流失、泥浆循环系统的渗漏、冲洗地面设备及钻井工具上的泥浆和油污而形成的废水，随着泥浆类型与添加化学药剂种类及数量的逐渐增多，所产生的钻井废水也日趋复杂，成为一种高度稳定的多级分散复合体系(涂蓉，2013)。

由于钻井废水成分复杂难以处理，单一的处理工艺很难将钻井废水处理到规定的排放标准，通常需要将多种工艺联合应用来达到深度处理的效果。目前，常见的技术大致可分为以下三种：①生物法深度处理工艺。生物法主要是以微生物代谢作用消耗和利用污水中大部分有机物和部分无机物的过程，达到处理废水中有机物的效果。生物法深度处理工艺主要是以生物法为核心，并结合其他处理工艺，以达到对钻井废水深度处理的效果。②高级氧化法深度处理工艺。氧化法是指在废水中添加氧化剂，依靠氧化作用，分解掉废水中的无机物和有机物，从而达到降低废水中生化需氧量(biochemical oxygen demand，BOD)和化学需氧量(chemical oxygen demand，COD)的目的。③微电解法深度处理工艺。微电解法主要是利用铁-碳颗粒之间存在着电位差而形成了无数个细微原电池，在酸性电解质中铁以二价的铁离子的形态进入溶液，通过铁离子的混凝作用，对水中的污染物进行去除。因此，针对不同废水水质，使用不同工艺联合进行处置是达到良好处理效果的关键途径。

对于油气田含油污泥或钻井岩屑等含油污泥而言，常见的治理措施大致可分为以下四种技术：一是减量化处理技术，即利用物理化学方法将污泥中的颗粒物分离出来，从而实现污染物减量化的处理措施，该方法具有成本低、易于操作的特点，包括机械脱水与焚烧等；二是固化处理技术，即将含油污泥固化或包容于惰性固化基质的无害化处理手段，比较适用于含有 $CaCl_2$、$NaCl$ 的含油污泥的处理，以及含油量较低的污泥的处理；三是微生物处理技术，即利用微生物将含油污泥降解和矿化，最终转变为无害无机物质的技术，微生物处理的最终产物是水、二氧化碳等无害物质，不会对环境产生二次污染，也不会导致污染物转移，且费用不高；四是资源化处理技术，包括在缺氧环境下，含油污泥中的有机质分解成固体碳、液态燃料油等可再次利用资源，利用渣油与重质油的焦化反应实现高温裂解或热缩和的技术，利用萃取剂来溶解含油污泥，产生可供使用的燃料油(Audenaert et al.，2013)。总而言之，微生物处理技术所具有的处理费用低、效果好、无二次污染等特点，是目前含油污泥较为安全妥善处置的重要方法。

　　综上所述，油气田开发工业具有悠久的历史，油气田污染防治作为油气开发行业的难题也已经存在了近一个世纪。纵观各种油气田废水与含油污泥的控制与处置方式，不难看到，任何油气田开发产生的污染物，其处理工艺实际上都包含两个阶段，第一阶段是污染物的性质转化和富集，这一阶段在固相与液相条件下同时发生；第二阶段是固相与液相的分离，污染物性质转化并富集在固相，与液相的污染物分离开来，再采取不同的处理方法进行污染物的去除。本书针对油气田开采过程中废液固废的污染性质，围绕多重物化-生物工程耦合原理与技术，介绍了不同污染物的处理特性与效果，并提出了两种工业工程应用模式，以期为油气田污染控制的发展提供理论依据与技术支撑。

1.3　多重物化-生物工程耦合技术原理

1.3.1　难降解有机物的化学改性技术原理

　　油气田作业废水，如压裂废水、钻井废水等，往往具有黏度高、凝聚性差、可生化性差等特点。油气田作业废水黏度过高会引起后续废水处理过程中加入的药剂不能完全混合，传质受阻，反应效率低，不利于处理工艺顺利进行，因此处理废水最初需要控制废水黏度(Lee et al.，2010)。同时，加入氧化剂会与废水中的有机物反应，提高有机物表面含氧官能团的数量，提升有机物与金属盐混凝剂的络合能力，进而提高有机物的凝聚性，提升后续固液分离的效率。

　　油气田作业废水的化学改性技术分为单独氧化法和催化氧化法，其中单独氧化法包括臭氧氧化、过氧化氢氧化、次氯酸钠氧化等；催化氧化法包括光催化氧化、臭氧催化氧化、铁碳微电解氧化、芬顿氧化等方法(Wert et al.，2009)。其中，最常用的方法为臭氧氧化法(梁竞文等，2021)。臭氧氧化作用基本有三条途径：氧化还原反应、环状加成反应及取代反应。一般氧化还原反应是最为直接，也是效率较高的一种反应。臭氧的氧化还原电位为 2.07eV，高于一般水中的有机物及其他物质电位，因此这类反应最为容易(Zhang et al.，2008b)。环状加成反应在压裂废水氧化中应用较多，主要是因为压裂废水中还有大量环状苯亲电取代产物等。氧化效率最低的是取代反应，由于压裂废水中多数为不饱和烃类、脂肪酸类和醛酮类物质，这些物质本身结构复杂，也不稳定，因此取代反应较难发生。然而，臭氧进入水中，在特定的条件下会与水反应，生成羟基自由基($\cdot$OH)，羟基自由基可与水中众多物质发生反应，稳定且没有选择性(Li et al.，2009)。

　　综上所述，通过化学改性技术进行油气田作业废水的化学改性、降黏，可作为油气田作业废水的预处理工序，改善有机物的凝聚性和可生化性，提升后续固液分离工艺的处理效率，即针对高盐水中共存离子阻断自由基链式反应，通过金属盐氧化耦合促进自由基多途径形成，强化了难降解高分子有机物的处理效果，提出了有机物的定向氧化断链、羧基化的可生化性和凝聚性改善途径，是油气田作业废水处理的关键环节。

1.3.2　强化固液分离技术原理

　　强化固液分离技术的关键是化学脱稳，即加入混凝剂、絮凝剂以破坏胶体污染物的稳定性，通过化学混凝等过程生成的固形物通常具有絮状结构，称为絮凝体，其特点是结构松散、含水率高、密度小、沉速低，絮凝体导致固液分离效率低，处理设施庞大(Yan et al.，2007)。对于高浓度悬浊质处理，排泥的大量耗水和污泥处置的困难更是提高处理效率的制约因素。对絮凝体形态学研究发现，基于随机碰撞形成的絮凝体具有典型的分形构造特征，其有效密度(水中的密度)随粒径增大呈幂函数关系降低，从而造成固液分离效率低(Bose et al.，2007)。因此，如何改变絮凝体的形成模式并促成其致密化，一直是本领域的挑战性难题，其关键在于如何从根本上改变微元体聚集与成长的过程。立足于强化絮凝体的构造，提高絮凝体的密度，必须解决以下几个问题：①基于絮凝体的成长过程与模拟，如何从絮凝体的形成方式入手，提出解决絮凝体随机碰撞结合的松散式构造的理论模式；②针对水和废水中有机物、无机悬浊质及二者共存的不同体系，如何实现造粒混凝理论，为技术的实际应用提供解决方案；③针对我国油气田开发所产生废液的实际情况，如何实现造粒混凝技术的工程装备化，完成造粒混凝技术的应用推广与集成革新。

　　首先，针对胶体微元脱稳和随机碰撞形成的随机型絮凝体密度和沉淀效率不高的问题，提出了致密型絮凝体形成的理论模型，其核心是通过化学条件和动力学条件控制，使微元颗粒的聚集成长从随机碰撞结合模式转变为规则结合模式，实现絮凝体的致密化；对于无机悬浊质体系，通过改变絮凝体的形成步骤，在适宜的混凝化学条件和动力学条件下，使微元颗粒以逐一附着的方式结合或通过颗粒间的摩擦挤压力与反应体系中高强度搅拌动力协同作用实现收缩脱水式造粒；对于有机悬浮质体系，通过调整有机物的电性或亲/疏水性，使其形成共聚型或者共聚络合型微元颗粒，结合高分子絮凝剂投加，强化微元颗粒聚集成核，完成核晶凝聚诱导造粒。其次，针对高浓度悬浊液体系，将造粒混凝和澄清技术融合，通过机械搅拌或水力旋流作用，利用致密型团粒的基团沉降速度与上升流速的动态平衡实现造粒，发明了流化床造粒和水力旋流造粒两类造粒混凝技术，为高浓度悬浊液的高效固液分离奠定了工艺技术基础；针对有机物共存体系的造粒混凝，以创造成核条件为目的，以有机物性质转化和强化凝聚为侧重点，开发了有机物性质转化和核晶凝聚强化造粒技术，为有机废水强化处理与分离奠定了工艺技术基础；通过混凝等物化强化措施，大幅度提高了固液分离效率(Selcuk et al., 2007)。

　　钻井泥浆超稳定的原因在于高盐分负电性过饱和屏障、大分子有机物空间位阻与水化膜阻碍(Jin et al., 2022)。对此，以旋流造粒、延时搅拌与核晶凝聚理论为基础，开发出复合混凝剂，通过高价盐的准稳态调控和有机高分子缩合，实现离子静电效应消减与大分子空间位阻消除。针对脱稳后颗粒致密化与强化分离，通过负压收缩脱水使得颗粒致密化，提升絮凝体密度，实现水资源的高效回收。

1.3.3　污泥无害化处置技术原理

　　研究人员普遍按照含油污泥的来源，将含油污泥分为原油开采过程产生的含油污泥、油田集输过程产生的含油污泥、炼油厂污水处理过程产生的含油污泥三类(王玉华等，2018；Liu et al.，2007)。

　　(1) 原油开采过程产生的含油污泥。在钻井作业中，当探测到油层时，由于地压作用，下钻、试井等作业可能会造成溢油或井喷而产生含油污泥；在原油开采过程中，原油检测、封堵、油管断裂、修井作业等均可能产生含油污泥。

　　(2) 油田集输过程产生的含油污泥。油田集输是将油田各油井生产的原油进行收集、处理，并分别输送至矿场油库或外输站的过程。集输站是对开采的原油进行油、水、气分离的场所，通常污水站对分离的水进行处理并进行油井回灌，集输站和污水站合称为联合站。原油开采时为保持地层压力，大部分是采用先注水、再注表面活性剂的方法，地层存在压力后原油通过油井输送到地面，随着油田的深度开采，采出油中含水率也越来越高。因此，联合站在油水分离过程中产生的含油污泥通常含油量、含水率较高，含固率较低。联合站的含油污泥来源有两个途径，一是原油储罐、沉降罐、污水罐的罐底油泥，二是污水罐的溢流形成的含油污泥。

　　(3) 炼油厂污水处理过程产生的含油污泥。炼油厂的含油污泥俗称"三泥"，产量很大，通常具有成分复杂、降解难、沉降难、浓缩难、处理难的特点。

　　在含油污泥处置方面，微生物技术与传统的物理、化学方法相比，具有投资少、运行费用低，无二次污染，易操作，工艺安全、简单、可操作性强，环境体系恢复功能速度快，处理过程对周边环境不造成污染，污染物去除彻底等优点。虽然黄土塬区土壤中微生物总量偏低，但糖类代谢菌群落丰富，存在大量能利用烷烃、芳香烃等基质生长繁殖的微生物种群。因此，分离培养原始土壤中的土著菌，通过驯化与筛选获得功能微生物菌剂，然后再次投加入污染场地进行修复的方法，可避免外来功能菌剂水土不服、难以长久存活的问题，该方法也是构建高效生物工程体系的关键所在(Zhang et al.，2008a)。

1.3.4　多重物化-生物工程耦合技术体系构建

基于有机物改性原理，提出了以定向氧化—微界面调控—强化分离为核心的多重物化技术路线，实现油气田废液中难降解有机物断链、降黏和污染物在分离污泥中的富集；基于微生物协同作用原理，提出了以功能微生物诱导激励土著微生物和污泥投配混合为核心的多元微生物工程体系构建技术路线，实现污染物的无害化，由此构成了多重物化-生物工程耦合技术体系(图 1.1)。油气田废液中的各类污染物经化学/物化改性能完成从液相到固相的转移，进而通过固液分离使污染物富集在污泥中，分离水经化学调配，以稳定的水质得到多途径回用。富集了污染物的污泥投配于多元微生物体系中，作为微生物可利用的基质得到有效降解，从而完成污泥无害化和最终处置。

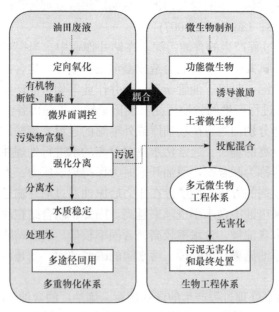

图 1.1　多重物化-生物工程耦合技术体系

参 考 文 献

安杰, 刘宇程, 陈明燕, 2009. 压裂废液处理技术研究进展[J]. 油气田环境保护, 19(2): 48-50.

雷雪桐, 2018. 油田采出水的电诱导臭氧气浮工艺处理特性[D]. 西安: 西安建筑科技大学.

梁竞文, 金鑫, 姚卓迪, 等, 2021. 油气田压裂废液的臭氧气浮深度处理与资源化利用特性[J]. 给水排水, 57(5): 78-85.

田辉, 2016. 气田压裂废水循环利用技术研究[D]. 西安: 西安建筑科技大学.

涂蓉, 2013. 长庆气田钻井废液无害化技术研究与应用[D]. 西安: 西安石油大学.

王玉华, 陈传帅, 孟娟, 等, 2018. 含油污泥处置技术的新发展及其应用现状[J]. 安全与环境工程, 25(3): 103-110.

AUDENAERT W T, VANDIERENDONCK D, VAN HULLE S W, et al., 2013. Comparison of ozone and HO· induced conversion of effluent organic matter (EfOM) using ozonation and UV/H$_2$O$_2$ treatment[J]. Water Research, 47(7): 2387-2398.

BOSE P, RECKHOW D, 2007. The effect of ozonation on natural organic matter removal by alum coagulation[J]. Water Research, 41(7): 1516-1524.

JIN X, ZHANG L, LIU M, et al., 2022. Characteristics of dissolved ozone flotation for the enhanced treatment of bio-treated drilling wastewater from a gas field[J]. Chemosphere, 298: 134290.

LEE Y, VON GUNTEN U, 2010. Oxidative transformation of micropollutants during municipal wastewater treatment: Comparison of kinetic aspects of selective (chlorine, chlorine dioxide, ferrate VI and ozone) and non-selective oxidants (hydroxyl radical)[J]. Water Research, 44(2): 555-566.

LI T, YAN X, WANG D S, et al., 2009. Impact of preozonation on the performance of coagulated flocs[J]. Chemosphere, 75(2): 187-192.

LIU H L, WANG D S, WANG M, et al., 2007. Effect of pre-ozonation on coagulation with IPF-PACls: Role of coagulant speciation[J]. Colloids and Surfaces A: Physicochemical and Engineering Aspects, 294(1-3): 111-116.

SELCUK H, RIZZO L, NIKOLAOU A N, et al., 2007. DBPs formation and toxicity monitoring in different origin water treated by ozone and alum/PAC coagulation[J]. Desalination, 210(1-3): 31-43.

WERT E C, ROSARIO-ORTIZ F L, SNYDER S A, 2009. Effect of ozone exposure on the oxidation of trace organic contaminants in wastewater[J]. Water Research, 43(4): 1005-1014.

YAN M Q, WANG D S, SHI B B, et al., 2007. Effect of pre-ozonation on optimized coagulation of a typical North-China source water[J]. Chemosphere, 69(11): 1695-1702.

ZHANG H, YAMADA H, TSUNO H, 2008a. Removal of endocrine-disrupting chemicals during ozonation of municipal sewage with brominated byproducts control[J]. Environmental Science and Technology, 42(9): 3375-3380.

ZHANG T, LU J, MA J, et al., 2008b. Comparative study of ozonation and synthetic goethite-catalyzed ozonation of individual NOM fractions isolated and fractionated from a filtered river water[J]. Water Research, 42(6-7): 1563-1570.

第 2 章　油气田开发复合型污染特性

油气现场作业与开采伴随着大量钻采废水的产生，钻采废水大体上分为两大类，一类是废弃钻井液，也就是通常所说的废弃钻井泥浆；另一类是钻采废水，其主要来源包括压裂、酸化、洗井、修井等井下作业产生的废水，其中以压裂废水为主。

钻采废水是一类根据生产需要采取各种作业措施所产生的返排液，如钻井、洗井、压裂及酸化等作业措施。这些钻采废水中含有石油类、固体悬浮物、无机物及措施作业化学添加剂等，具有高黏度、高盐、高有机物、高悬浊的特点，组成复杂、处理难度大，对环境和生态安全造成极大的威胁，不但会引起大量生物死亡，还会对人类健康造成威胁。对于油田井场开发所产生的钻采废水，部分井场采用沟池处理的方式，由于存在渗不到位、施工管理粗放等现象，对井场周边生态环境造成了严重影响。

钻井液可以比作石油开发的血液，它对开采石油的重要性不言而喻，但是在完井后产生的废弃钻井液，其处理便成了一个难题。废弃钻井液是一种主要由水、黏土、钻屑、絮凝剂、钻井液添加剂、油类等组成的多相稳定胶态悬浮体(刘海水，2023)。部分井场对于废弃钻井液的处理是采用固化法，即向泥浆池中加入固化剂，如水泥、粉煤灰、水玻璃、氧化铝等，使钻井液由液相转为固相，然后覆土填埋(李联合，2023)。这一做法的优点是固体硬度高，不返浆。但是，造成了土壤不可修复、难以复耕等诸多环境次生问题。

总体而言，钻采废水成分复杂多变、处理难度大，对油气开采区域造成了严重危害和潜在的健康安全风险，本章以解析钻采废水复合型污染特性为目的，采用多种方法分析测定了钻采废水的基本性质，并基于水质矩阵法对油气田不同类型钻采废水污染特性进行处理性评价，为后续多重物化–生物工程耦合的油气田污染控制技术研发奠定基础。

2.1　油气田钻采废水基本性质

2.1.1　钻采废水感官性质

油气田为提高产量而采取的一系列措施过程中产生的废水称为钻采废水，主要包括压裂废水(胍胶废水、稠化废水、生物胶废水、EM 系列废水)、酸化废水和洗井废水(贺栋，2013)，其中压裂废水的水量最大。压裂液是油气田在开采过程中，为了获得高产量而借用液体传导力压裂措施时所用的液体，油层水力压裂的过程是在地面采用高压大排量的泵，利用液体传压的原理，将具有一定黏度的液体(通常称为压裂液)以大于油层吸收能力的压力向油层注入，使井筒内压力逐渐升高，从而在井底憋起高压，当此压力大于井壁附近的地应力和地层岩石的抗张强度时，便在井底附近地层产生裂缝；继续注入带有支撑剂的携砂液，裂缝向前延伸并填以支撑剂，关井后裂缝闭合在支撑剂上，从而在井底附近地层内形成具有一定几何尺寸和高导流能力的填砂裂缝，使油气井达到增产增注的目的。其中，支撑剂一般以陶粒砂为主，而压裂液主要目的是携砂，也就是携带支撑剂泵入地层(雷志伟，2013)。

通过对油气田钻采废水的多次取样可知，钻采废水感官性状多样，高黏度压裂废水外观呈土黄色乳状液，浑浊；低黏度压裂废水外观呈黄褐色，浮油少、较透亮。其中，胍胶废水成分复杂，具有高色度、高悬浮物和高稳定性等特点。总体而言，压裂废水味臭，颜色深浅不一，外观差异大(图 2.1)。洗井废水含有少量油污和

(a) 胍胶废水 1　　　　(b) 胍胶废水 2　　　　(c) 胍胶废水 3　　　　(d) 胍胶废水 4

(e) 稠化废水 1　　　　(f) 稠化废水 2　　　　(g) 稠化废水 3　　　　(h) 稠化废水 4

(i) 生物胶废水 1　　　　(j) 生物胶废水 2　　　　(k) 生物胶废水 3　　　　(l) 生物胶废水 4

　(m) EM系列废水1　　(n) EM系列废水2　　(o) EM系列废水3　　(p) EM系列废水4

图 2.1　长庆油田井场压裂废水外观

悬浮物，略浑浊；酸化废水色黄，有刺激气味，较浑浊(图 2.2)(王湧，2021)。

　　(a) 洗井废水　　　　　(b) 酸化废水

图 2.2　长庆油田井场洗井废水和酸化废水外观

2.1.2　钻采废水常规水质指标

1. 理化特性

图 2.3 为长庆油田不同类型钻采废水悬浮固体(suspended solid，SS)含量、含油量、腐蚀速率、中值粒径、黏度和化学需氧量(chemical oxygen demand，COD)等理化特征检测结果。从图 2.3(a)中可以看出，四种压裂废水、酸化废水的 SS 含量均大于洗井废水的 SS 含量，且四种压裂废水与酸化废水的 SS 含量分布范围基本相同，最大值接近 200mg/L，最小值也超过了 100mg/L。洗井废水的 SS 含量最低，分布范围在 40~100mg/L。四种压裂废水中，EM 系列废水的 SS 含量总体最低。从图 2.3(a)中可以看出，这三类六种钻采废水的 SS 含量均远远超过《碎屑岩油藏注水水质指标技术要求及分析方法》(SY/T 5329—2022)中所规定的标准值15.0mg/L，因此悬浮固体的去除是钻采废水的处理与回用过程中需要重点关注的指标。

从图 2.3(b)可以看出，在四种压裂废水中，胍胶废水和稠化废水的含油量分布范围比较接近，均分布在 30~200mg/L，生物胶废水的含油量分布在 40~200mg/L。EM 系列废水的含油量最低，分布在 10~70mg/L。酸化废水的含油量分布范围与 EM 系列废水基本相同。洗井废水的含油量较大，主要分布在 170~350mg/L。所有三类六种钻采废水的含油量都超过了《碎屑岩油藏注水水质指标

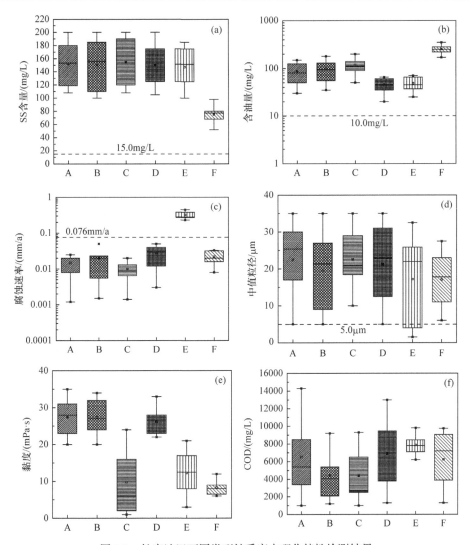

图 2.3　长庆油田不同类型钻采废水理化特性检测结果

(a) 不同废水 SS 含量特性；(b) 不同废水含油量特性；(c) 不同废水腐蚀速率特性；(d) 不同废水中值粒径特性；
(e) 不同废水黏度特性；(f) 不同废水 COD 特性。A~F 分别为胍胶废水、稠化废水、生物胶废水、EM 系列废水、
酸化废水和洗井废水，其中 A~D 属于压裂废水，图 2.4~图 2.10 同

技术要求及分析方法》(SY/T 5329—2022)中所规定的标准值 10.0mg/L。

从图 2.3(c)可以看出，酸化废水的腐蚀性最强，其腐蚀速率分布在 0.2~0.4mm/a，它的最小腐蚀速率已超过《碎屑岩油藏注水水质指标技术要求及分析方法》(SY/T 5329—2022)中所规定的标准值 0.076mm/a，其他两类五种钻采废水的腐蚀速率均在标准值以下。洗井废水的腐蚀速率集中分布在 0.008~0.03mm/a。四种压裂废水中，胍胶废水与稠化废水的腐蚀速率分布范围接近，均分布在

0.001～0.03mm/a；生物胶废水的腐蚀速率分布在 0.001～0.02mm/a；EM 系列废水的腐蚀速率最大，最大值约为 0.05mm/a。

从图 2.3(d)中可以看出，洗井废水的中值粒径分布在 6～27.5μm，酸化废水的中值粒径分布在 1.5～32.5μm。四种压裂废水的中值粒径分布范围相近，都分布在5～35μm。除酸化废水因其中值粒径分布范围较大而部分达标外，其他五种废水的中值粒径均高于《碎屑岩油藏注水水质指标技术要求及分析方法》(SY/T 5329—2022)中所规定的标准值 5.0μm。

从图 2.3(e)可以看出，洗井废水的黏度比较小，集中分布在 5～15mPa·s。酸化废水的黏度分布在 3～21mPa·s。四种压裂废水中，生物胶废水的黏度最低，分布在 0～25mPa·s，胍胶废水、稠化废水和 EM 系列废水的黏度分布范围接近，均分布在 20～35mPa·s。

从图 2.3(f)中可以看出，四种压裂废水中，稠化废水和生物胶废水的 COD 分布范围较为接近，都分布在 $1.0×10^3$～$1.0×10^4$mg/L。胍胶废水的 COD 分布范围最大，最高值超过了 $1.4×10^4$mg/L。EM 系列废水的 COD 分布在 $1.0×10^3$～$1.3×10^4$mg/L。酸化废水的 COD 分布比较集中，其中位数约为 $8.0×10^3$mg/L。洗井废水的 COD 分布范围与稠化废水相近，都分布在 $1.0×10^3$～$1.0×10^4$mg/L。

综上所述，长庆油田钻采废水总体上 SS 含量、含油量和中值粒径超标严重，酸化废水的腐蚀速率高于标准值。胍胶废水和稠化废水多项指标超标严重，需要重点处理(田辉，2016)。

2. 微生物指标

图 2.4 为长庆油田不同类型钻采废水的硫酸盐还原菌(sulfate-reducing bacteria，SRB)浓度、铁细菌(iron bacteria，IB)浓度、腐生菌(saprophytic bacteria，TGB)浓度和细菌总数等微生物指标检测结果。从图 2.4(a)可以看出，酸化废水 SRB 浓度最小，主要分在 3～20 个/mL。四种压裂废水中，胍胶废水和稠化废水的 SRB 浓度分布范围接近，均分布在 $1.0×10^4$～$3.0×10^5$个/mL，生物胶废水和 EM 系列废水的 SRB 浓度均分布在 $1.0×10^4$～$2.0×10^5$个/mL。

从图 2.4(b)可以看出，酸化废水的 IB 浓度最低，最低值约为 5 个/mL。洗井废水的 IB 浓度分布比较集中，中位数约为 $4.0×10^4$个/mL。四种压裂废水的 IB 浓度分布范围接近，都分布在 $1.0×10^4$～$3.0×10^5$个/mL。

从图 2.4(c)可以看出，酸化废水的 TGB 浓度最低，总体分布在 1～300 个/mL。除了酸化废水以外，其余五种钻采废水 TGB 浓度均分布在 $1.0×10^4$～$2.0×10^5$个/mL。

从图 2.4(d)可以看出，细菌总数最小的是酸化废水，分布在 $1.0×10^2$～$8.0×10^3$个/mL。洗井废水的细菌总数较大，分布在 $1.0×10^4$～$2.0×10^5$个/mL。四种压裂废水中，胍胶废水的细菌总数分布在 $7.0×10^4$～$6.0×10^5$个/mL，稠化废水的细菌

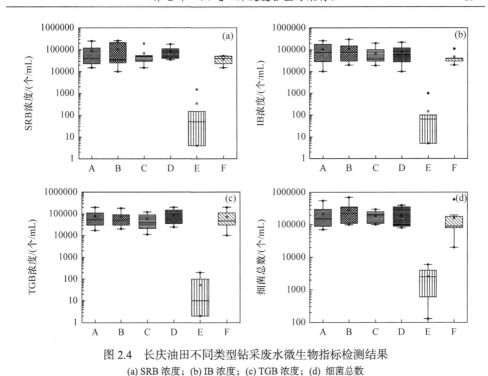

图 2.4　长庆油田不同类型钻采废水微生物指标检测结果
(a) SRB 浓度；(b) IB 浓度；(c) TGB 浓度；(d) 细菌总数

总数分布在 $1.0×10^5$～$8.0×10^5$ 个/mL。生物胶废水的细菌总数分布在 $1.0×10^5$～$4.0×10^5$ 个/mL，EM 系列废水的细菌总数分布在 $8.0×10^4$～$5.0×10^5$ 个/mL。

综上所述，长庆油田钻采废水中酸化废水的 SRB 浓度、IB 浓度和 TGB 浓度低，其余钻采废水的浓度都相对较高。整体而言，长庆油田地区的钻采废水的微生物指标较高，需进行进一步的处理。

3. 重金属指标

图 2.5 为长庆油田不同种类钻采废水铅、铜、镍和镉等重金属指标检测结果。从图 2.5(a)可以看出，四种压裂废水的 Pb^{2+} 浓度分布较为集中，中位数均为 0.075mg/L 左右。酸化废水和洗井废水的 Pb^{2+} 浓度较低，其中酸化废水的 Pb^{2+} 浓度分布在 0.006～0.020mg/L，洗井废水的 Pb^{2+} 浓度分布在 0.003～0.010mg/L。所有三类六种钻采废水的 Pb^{2+} 浓度均小于 1.0mg/L。

从图 2.5(b)可以看出，四种压裂废水的 Cu^{2+} 浓度都大于酸化废水和洗井废水的 Cu^{2+} 浓度。其中，生物胶废水的 Cu^{2+} 浓度差异较大，分布在 0.5～0.75mg/L。胍胶废水、稠化废水和 EM 系列废水的 Cu^{2+} 浓度分布范围相同，都在 0.6～0.8mg/L。其次，酸化废水和洗井废水的 Cu^{2+} 浓度分布范围也比较接近，在 0.5～0.7mg/L。所有三类六种钻采废水的 Cu^{2+} 浓度值均小于 1.0mg/L。

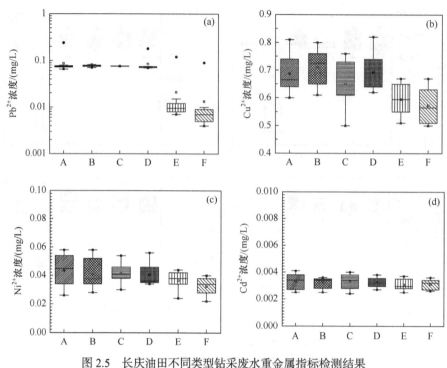

图 2.5　长庆油田不同类型钻采废水重金属指标检测结果

(a) Pb^{2+}浓度；(b) Cu^{2+}浓度；(c) Ni^{2+}浓度；(d) Cd^{2+}浓度

从图 2.5(c)可以看出，洗井废水的 Ni^{2+}浓度整体最低，分布在 0.02～0.044mg/L。其次是酸化废水，其 Ni^{2+}浓度分布在 0.024～0.05mg/L。四种压裂废水中，胍胶废水和稠化废水的 Ni^{2+}浓度均分布在 0.026～0.058mg/L，生物胶废水的 Ni^{2+}浓度分布在 0.028～0.046mg/L，EM 系列废水的 Ni^{2+}浓度值分布在 0.032～0.056mg/L。所有三类六种钻采废水的 Ni^{2+}浓度均小于 1.0mg/L。

从图 2.5(d)可以看出，所有三类六种钻采废水的 Cd^{2+}浓度的分布范围接近，都分布在 0.0024～0.0041mg/L，均小于 1.0mg/L。在长庆油田的三类六种钻采废水中，压裂废水的重金属含量都相对较大，是长庆油田钻采废水处理中需要重点处理的对象。

4. 其他金属指标

表 2.1 为长庆油田不同类型钻采废水 Na$^+$、K$^+$、Ca^{2+}、Mg^{2+}等其他金属离子的平均浓度，对比分析见图 2.6。由此可以看出，长庆油田六种钻采废水中 K$^+$、Na$^+$的平均浓度差别不大，Ca^{2+}平均浓度最大，Mg^{2+}平均浓度最小。Na$^+$平均浓度最大的为生物胶废水，为 393.39mg/L；K$^+$平均浓度最大的为稠化废水，为 608.86mg/L；Mg^{2+}平均浓度最大的为胍胶废水，为 88.68mg/L。Ca^{2+}平均浓度差异

明显，平均浓度最大的为胍胶废水，为 857.57mg/L；最小的为 EM 系列废水，为 308.21mg/L。

表 2.1　长庆油田不同类型钻采废水其他金属离子平均浓度值 (单位：mg/L)

废水类型	Na^+平均浓度	K^+平均浓度	Ca^{2+}平均浓度	Mg^{2+}平均浓度
胍胶废水	363.01	587.27	857.57	88.68
稠化废水	387.52	608.86	556.22	77.83
生物胶废水	393.39	561.29	817.73	75.87
EM 系列废水	377.02	592.06	308.21	65.91
酸化废水	374.64	600.45	739.38	83.31
洗井废水	361.22	584.14	620.99	76.58

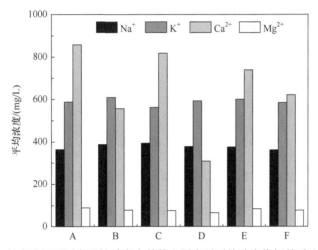

图 2.6　长庆油田不同类型钻采废水其他金属离子平均浓度指标的对比分析图

5. 含盐量及阴离子

图 2.7 为安塞、陇东、姬塬和绥靖四个地区不同类型钻采废水的总含盐量即总溶解性固体(total dissolved solid，TDS)浓度对比图。总体来看，安塞和姬塬地区的废水 TDS 浓度普遍较其他两地区偏高，姬塬地区的稠化废水 TDS 浓度偏高，在 $2×10^4$mg/L 以上，陇东地区的各类废水中 TDS 浓度普遍偏低，在 $3×10^3$～$7×10^3$mg/L。六种钻采废水中，生物胶废水 TDS 浓度相对较小，酸化废水、胍胶废水和稠化废水 TDS 浓度相对较大。TDS 表征水中总溶解性物质，主要反映水中 Ca^{2+}、Mg^{2+}、Na^+、K^+ 等离子的浓度，与水的硬度、电导率有较好的对应关系，TDS 浓度越小，电导率越小。某种程度来说，TDS 浓度越小，水质越好。图 2.8

为安塞、陇东、姬塬和绥靖四个地区不同类型钻采废水 SO_4^{2-} 浓度的对比图。总体来看，四个地区的六种钻采废水 SO_4^{2-} 浓度差不多，均分布在 12~25mg/L。安塞地区洗井废水和 EM 系列废水 SO_4^{2-} 浓度较高，陇东地区 EM 系列废水 SO_4^{2-} 浓度较高，姬塬地区生物胶废水 SO_4^{2-} 浓度最高，绥靖地区生物胶废水和酸化废水 SO_4^{2-} 浓度较高。图 2.9 为安塞、陇东、姬塬和绥靖四个地区六种钻采废水 Cl⁻浓度的对比图。总体来看，陇东地区和姬塬地区 Cl⁻浓度较高，安塞地区酸化废水中 Cl⁻浓度最高，陇东地区生物胶废水中 Cl⁻浓度最高，酸化废水中 Cl⁻浓度最高的为陇东地区，绥靖地区生物胶废水中 Cl⁻浓度最高。

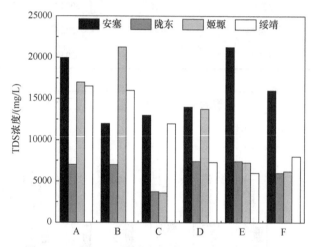

图 2.7　四个地区不同类型钻采废水 TDS 浓度对比图

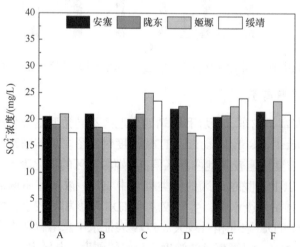

图 2.8　四个地区不同类型钻采废水 SO_4^{2-} 浓度的对比图

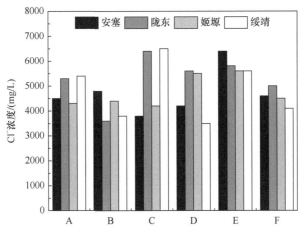

图 2.9   四个地区六种钻采废水中 Cl⁻浓度的对比图

2.1.3   钻采废水中有机物分子质量分析

通过液相凝胶色谱对不同类型钻采废水的分子质量进行了分析，分子质量大的物质先出峰，分子质量小的物质后出峰，根据已有分子质量标线，出峰时间在 6min 左右时分子质量为 100kDa*，出峰时间在 11min 左右时分子质量为 10kDa，出峰时间在 10min 左右时分子质量为 1kDa，出峰时间在 22min 左右时分子质量为 0.01kDa。图 2.10 为不同类型钻采废水的分子质量分布图。从图 2.10 可以分析出，酸化废水的分子质量分布较为广泛，在 0.01～100kDa；胍胶废水的分子质量主要集中在 100kDa 和 0.01kDa 左右；稠化废水的分子质量主要在 100kDa；生物胶废水的分子质量集中在 1kDa；EM 系列废水的分子质量主要分布于 0.01～100kDa；洗井废水的分子质量主要在 0.01～100kDa。

2.1.4   钻采废水中有机物的官能团分析

将钻采废水经 0.22μm 的滤膜过滤后，用二氯甲烷萃取水中的油类物质，测定总萃取物，通过红外分光光度仪分析水中有机物的主要官能团(水相通过二氯甲烷萃取分析)，结果如图 2.11 所示。由图 2.11 可以看出，3700cm⁻¹ 附近出现的微弱伸缩振动峰是胺基的伸缩振动峰，而 2300cm⁻¹ 附近的 N—H 伸缩振动峰也证明了胺基的存在；2900cm⁻¹ 附近的特征峰可推断为甲基(— CH₃)、亚甲基(— CH₂)的伸缩振动峰或羧基、羟基伸缩振动峰；1700cm⁻¹ 附近出现羰基(— C═O)的特征峰。因此，说明水中有羧基、羟基存在的可能性(刘岚，2010)。

---

* 1Da=1.66054×10⁻²⁷kg。

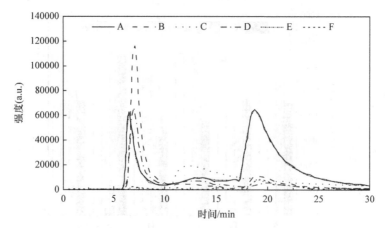

图 2.10　不同类型钻采废水的分子质量分布图

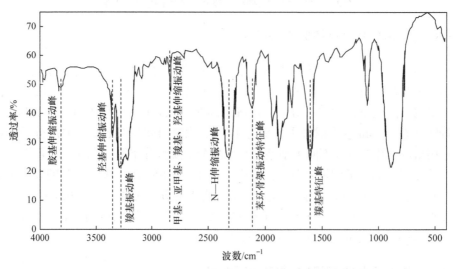

图 2.11　钻采废水中有机物红外谱图(二氯甲烷萃取)

　　在 1380cm^{-1} 附近的特征峰可推断为亚甲基的剪式振动峰或甲基的不对称弯曲振动峰,而其左右侧1460cm^{-1}和1270cm^{-1}附近出现的峰是酯类(C—O—CO—)的 C—O 伸缩振动峰和—CH$_3$ 面内弯曲振动峰。在 2100cm^{-1} 附近的是苯环骨架振动特征峰,750cm^{-1} 附近的是单取代环的面外弯曲振动峰,900cm^{-1} 附近的是环状物质 C—H 面外弯曲振动峰和不饱和烯烃等共轭基团。这一结果说明,水中有机物的主要官能团有苯环、杂环及其他环状构造,同时还检测到羟基、羰基、羧基及胺基等主要官能团。这些官能团决定了钻采废水中有机物的高度稳定性及难处理性(刘岚,2010)。

2.1.5 钻采废水中有机物成分分析

钻采废水气相色谱–质谱联用仪(GC-MS)分析结果如图 2.12 所示。图 2.12(a) 为压裂废水中稠化废水的 GC-MS 分析结果，可以得出，稠化废水以酮、酯、羧 酸、醛、酚等小分子为主，强度较高，胍胶废水色谱分析结果与其相似。图 2.12(b) 为酸化废水的 GC-MS 色谱分析结果，可以得出，酸化废水以大分子有机物为主， 且强度较高，主要为多种环状类有机物。图 2.12(c)为洗井废水的 GC-MS 分析结 果，可以得出，洗井废水中有机物种类较少，强度较低。

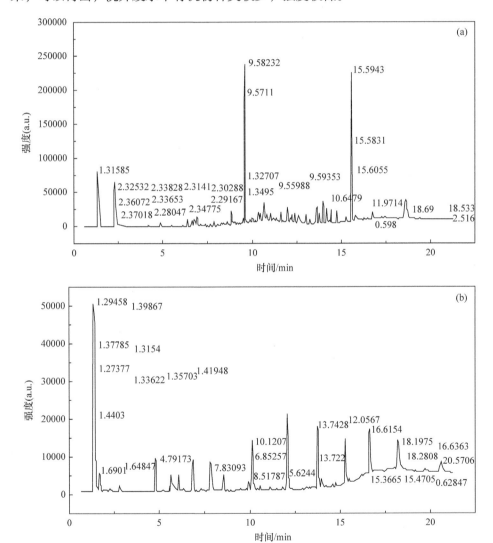

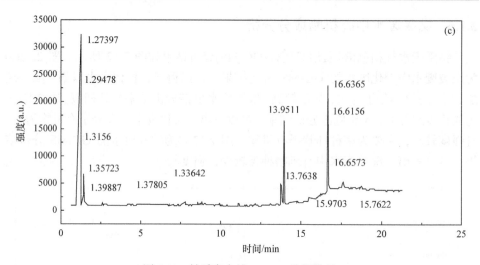

图 2.12　钻采废水的 GC-MS 分析结果

(a) 压裂废水中稠化废水的 GC-MS 分析结果；(b) 酸化废水的 GC-MS 分析结果；(c) 洗井废水的 GC-MS 分析结果

2.1.6　钻采废水特性

1. 三类钻采废水水质

图 2.13～图 2.15 是对三类钻采废水水质情况的总结。从图 2.13 可以看出，洗井废水 SS 含量和含油量处于最高水平；酸化废水属于低含油量、SS 含量中等水平废水；压裂废水 SS 含量和含油量均处于中等水平；酸化废水 SS 含量和含油量与低含油量压裂废水性质接近。从图 2.14 可以看出，洗井废水属于中低黏度、较高 COD 的废水；酸化废水属于中低黏度、高 COD 的废水；压裂废水属于高黏度、

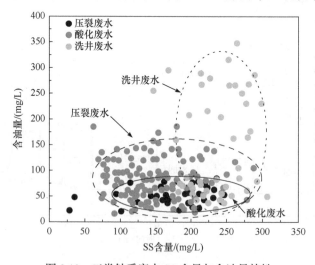

图 2.13　三类钻采废水 SS 含量与含油量特性

COD 分布较广泛的废水；压裂废水、酸化废水和洗井废水大约 10%部分重合，均属于中高黏度、高 COD；酸化废水黏度与 COD 特性总体包含于洗井废水。从图 2.15 可以看出，洗井废水腐蚀速率低、SRB 浓度高；酸化废水属于高腐蚀速率、低 SRB 浓度废水；压裂废水属于中低腐蚀速率、高 SRB 浓度废水。

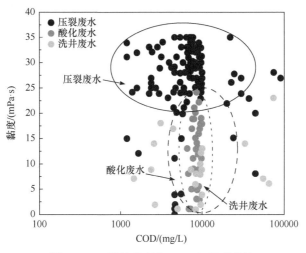

图 2.14　三类钻采废水 COD 与黏度特性

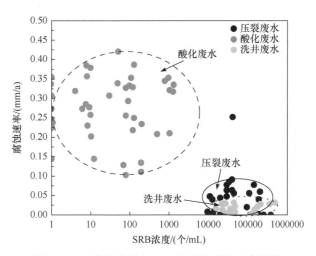

图 2.15　三类钻采废水 SRB 浓度与腐蚀速率特性

2. 四种压裂废水水质

从图 2.16 可以看出，四种压裂废水的 SS 含量与含油量有很大一部分重合，重合部分属于高含油、低 SS；胍胶废水含油量最高；生物胶废水 SS 含量最低。从图 2.17 可以看出，生物胶废水属于低黏度、高 COD 废水；胍胶废水、稠化废水和 EM 系列废水大约 90%部分重合，均属于高黏度、高 COD 废水。从图 2.18可以看出，四种压裂废水均呈现出左右两块分布，左边属于较低 SRB 浓度、腐蚀速率分布较广，右边属于高 SRB 浓度、低腐蚀速率；胍胶废水和 EM 系列废水大约 80%部分重合，均属于较低 SRB 浓度、腐蚀速率分布较广废水；稠化废水和生物胶废水包含于胍胶废水。

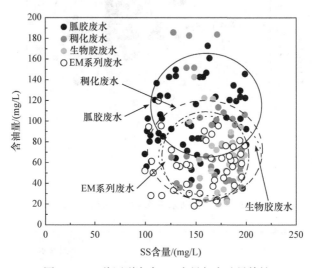

图 2.16　四种压裂废水 SS 含量与含油量特性

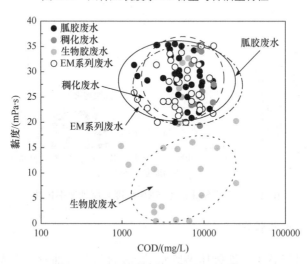

图 2.17　四种压裂废水 COD 与黏度特性

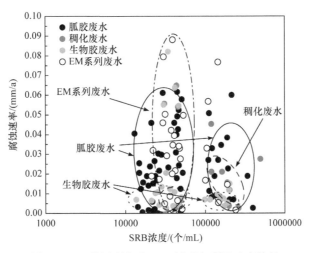

图 2.18　四种压裂废水 SRB 浓度与腐蚀速率特性

2.2　废弃钻井液基本性质

2.2.1　钻井液分类

随着钻井液工艺技术的不断发展，钻井液的种类越来越多。一般的分类方法是按钻井液中流体介质和体系的组成特点来进行分类的。根据流体介质的不同，总体上可分为水基钻井液、混油基钻井液、气体型钻井液等三种类型(朱科源，2022)。

1. 水基钻井液的分类

由于水基钻井液在实际生产中一直占据着主要地位，根据体系在组成上的不同又将其分为以下几个类型。

1) 分散钻井液

分散钻井液是指用淡水、膨润土和各种对黏土与钻屑起分散作用的处理剂(简称"分散剂")配置而成的水基钻井液。它是一类使用历史较长、配制方法较简单且配制成本较低的常用钻井液。与其他类型钻井液相比，它也有一些缺点，除抑制性和抗污染能力较差外，还因体系中固相含量高，对提高钻速和保护油气层均有不利影响。

2) 钙处理钻井液

钙处理钻井液的组成特点是体系中同时含有一定含量的 Ca^{2+} 和分散剂。Ca^{2+} 通过与水化作用很强的钠膨润土发生离子交换，使一部分钠膨润土转变为钙膨润土，从而减弱水化的程度。分散剂的作用是防止 Ca^{2+} 引起体系中的黏土颗粒絮凝过度，使其保持在适度絮凝状态，以保证钻井液具有良好的性能。这类钻井液的特点是抗盐、抗钙污染能力较强，并且对所钻地层中的黏土有抑制其水化分散的作用，因此可在一定程度上控制页岩坍塌和井径扩大，同时能减轻对油气层的损害。

　　3) 盐水钻井液

　　盐水钻井液是用盐水(或海水)配制而成。含 NaCl 超过 1%(质量分数)(Cl⁻质量浓度为 6000mg/L)的钻井液统称为盐水钻井液，分为以下三类：一般盐水钻井液、饱和盐水钻井液和海水钻井液。盐水钻井液有较强的抑制性，抗盐侵蚀能力很强，而且能有效地抗钙侵蚀和抗高温，对油气层的损害小，有利于保持较低的固相含量，能有效地抑制地层造浆，流动性好，性能较稳定。该类钻井液主要用在海上钻井、钻盐岩层及泥页岩易塌地层。

　　4) 聚合物钻井液

　　聚合物钻井液是以某些具有絮凝作用和包被作用的高分子聚合物作为主要添加剂的水基钻井液。由于这些聚合物的存在，体系所包含的各种固相颗粒可保持在较粗的粒度范围，与此同时所钻出的岩屑也因及时受到包被保护而不易分散成微细颗粒。其优点为钻井液密度和固相含量低，使得钻进速度可明显提高，对油气层的损害程度也较小，剪切稀释特性强，聚合物钻井液具有较强的包被和抑制分散作用，因此有利于保持井壁稳定。

　　5) MMH 正电胶钻井液

　　混合金属层状氢氧化物(mixed metal layer hydroxide，MMH)因溶胶颗粒带永久正电荷，所以统称为 MMH 正电胶。以 MMH 正电胶为主要添加剂的钻井液称为 MMH 正电胶钻井液。该添加剂现有三个剂型，即溶胶、浓胶和胶粉。由于 MMH 正电胶与黏土负电胶粒靠静电作用形成空间连续结构，可以稳定钻井液，同时可吸附在钻屑和井壁上，具有抑制钻屑分散和稳定井壁的作用，实现了钻井液稳定措施与抑制钻屑分散、保护井壁稳定措施的统一。

　　6) 三磺钻井液

　　三磺钻井液是指用磺化酚醛树脂(sulfonated phenolic resin，SMP)、磺化褐煤(sulfonated coal，SMC)、磺化烤胶(sulfonated extract，SMK)或磺化单宁(sulfonated sodium tannin，SMT)等处理剂配制而成的钻井液。其中 SMP 与 SMC 复配，使钻井液的高温高压(high-temperature and high-pressure，HTHP)滤失量得到有效控制。SMT 或 SMK 可用于改善高温下的流变性能，从而大幅提高了钻井液的防塌、防卡、抗温、抗盐及抗钙侵的能力。实验表明，抗盐可至饱和，抗钙可达 4000mg/L，钻井液密度可提高至 2.25g/cm³，若加入 $Na_2Cr_2O_2$，抗温可达 220℃。该体系中膨润土的允许含量视钻井液的密度而定，所选用处理剂的品种和加量则与钻井液的含盐量有关。

　　配制三磺钻井液时，可先配成预水化膨润土浆，再加入各种处理剂，也可直接用井浆转化。维护时，通常加入按所需浓度比配成的处理剂混合液。三磺钻井液的研制成功，是我国在深井钻井液技术上的一大进步。该钻井液大大地改善了泥饼质量，减少了深井常出现的坍塌、卡钻等井下复杂情况，在很大程度上提高了深井钻探的成功率。这类钻井液已广泛应用于全国各油田深井中。

2. 混油基钻井液

混油基钻井液在水基钻井液中混入 3%～4%的乳化油类(原油或柴油)，使油呈小液滴状分散的乳化状态。其主要特点是润滑性、流动性好，失水量低，泥饼摩擦系数小。以油为分散介质的钻井液，又可分为以下几类。

1) 油基钻井液

油基钻井液是以原油或柴油为连续相(液相)，以氧化沥青作为分散相(固相)，再加入化学处理剂和加重剂配成的，含水量在 3%以下。其主要特点是对油层损害小，抗可溶性盐侵污的能力强。

2) 油包水乳化钻井液

油包水乳化钻井液以柴油作为连续相，以水作为分散相，呈小液滴状分散在水中(水的体积分数可达 60%)，以有机膨润土(或称亲油膨润土)和氧化沥青作稳定剂，再加入其他处理剂、加重剂配制而成。其主要特点是热稳定性高，有较好的防塌效果，对油气层损害小，常用于高温井段、钻易塌地层和低压油气层。

3. 气体型钻井液

气体型钻井液主要适用于钻低压油气层、易漏失地层及某些稠油油层。其特点是密度低、钻速快，可有效保护油气层，并能有效防止井漏等复杂情况的发生。

由于本研究主要针对的是长庆油田常规油气田钻井，而长庆油田油气储层呈现低渗、低压、低丰度、低产和非均质特征，钻井深度和难度较大，通常采用的是水基钻井体系。因此，本书介绍研究中所处理的废弃钻井液主要是水基钻井液。

2.2.2 废弃钻井液特点

废弃钻井液是一种主要由水、黏土、钻屑、絮凝剂、钻井液添加剂、油类等组成的多相稳定胶态悬浮体。

据美国石油学会统计，现用的钻井液中有 62%是淡水基的，24%是盐水基的，6%是油基的，其余的是由其他成分组成的。我国目前使用的水基钻井液由以下几部分组成。①液相：配制钻井液时加入的水，为起到润滑作用而加入的各种油品等；②固相：膨润土、加重剂等；③钻井液添加剂：为改善钻井液性能而加入的无机盐、无机聚合物、有机物、合成高聚物和表面活性剂等物质，有十六大类、上百个品种。废弃钻井液是一个复杂的多相体系，除了配制钻井液所加的物质外，还包括钻进地层时混入的地下水、钻屑、黏土和原油等。

如前所述,废弃钻井液中含有大量的黏土、钻屑和处理剂,因此固相含量较高。研究结果表明,其中对环境危害最大的物质是高质量分数的盐溶液和可交换钠离子;其次是油类、可溶性重金属离子(如 Cr^{3+}、Hg^{2+}、Cd^{2+}、Zn^{2+}、Pb^{2+}、Al^{3+} 和 Ba^{2+} 等)、有机污染物(如多环芳烃、酚类、卤代烃、有机硫化物、有机磷化物、醛类和胺类等)、高浓度 pH 处理剂(如 NaOH 溶液、Na_2CO_3 溶液)、高分子有机物特别是降解后的小分子有机物。使用绿色环保型钻井液逐渐成为趋势,钻井液中已经基本不添加重金属离子,在个别废弃液中检测到一些重金属离子,应该是从地层中带入的。因此,由重金属离子引起的环境危害已经逐步得到控制(张祎徽,2008)。

概括起来,一般废弃钻井液具有以下特点:

(1) pH 偏高。绝大多数钻井液 pH 控制在 7 以上,一般情况下多在 7.5～10,钻井液在钻井废水中占有相当大的比例,因此 pH 多在 8.5～9.0。不同的油气田、钻探区、井深,钻井过程中产生的废水性质也不尽相同。

(2) 悬浮物浓度高。钻井废水中的悬浮物含量多在 2000mg/L 以上,其中包括钻井液中的胶态粒子(主要是膨润土及有机高分子处理剂)、黏土、加重剂、分散的岩屑及其他废水流经地面时所携带的泥沙和表层土等。

(3) 含有一定数量的有机污染物、无机污染物。钻井废水中常有钻井液混入,加之钻井液处理剂及钻井液材料的影响,使其含有一定量的有毒聚合物、有机污染物和无机污染物。

(4) 废弃钻井液含油量高,部分井含油量在 10%以上。

2.2.3 废弃钻井液理化性能评价

1. 废弃钻井液化学性质

对废弃钻井液取样分析,结果如表 2.2 所示。由检测分析结果可知,废弃钻井液的主要污染指标包括 pH、含油量、化学需氧量和生化需氧量、重金属含量及腐蚀速率等。

表 2.2　废弃钻井液污染性质分析

样品编号	类型	pH	含固率/%	含油量/(mg/L)	COD$_{Cr}$/(mg/L)	BOD$_5$/(mg/L)	苯酚含量/(mg/L)	Cr含量/(mg/kg)	Pb含量/(mg/kg)	As含量/(mg/kg)	Hg含量/(mg/kg)	腐蚀速率/(mm/a)
1		6.60	6.3	20	3871	1161	1.50	5.60	未检出	0.15	0.05	0.07
2	分散钻井液	7.00	9.2	7	79	32	0.80	4.40	3.20	未检出	0.04	0.06
3		8.17	8.5	5	5037	1763	1.10	未检出	未检出	未检出	0.04	0.06
4		9.24	6.4	18	4011	1163	1.30	19.00	7.60	0.24	0.04	0.08

续表

样品编号	类型	pH	含固率/%	含油量/(mg/L)	COD$_{Cr}$/(mg/L)	BOD$_5$/(mg/L)	苯酚含量/(mg/L)	Cr含量/(mg/kg)	Pb含量/(mg/kg)	As含量/(mg/kg)	Hg含量/(mg/kg)	腐蚀速率/(mm/a)
5		11.07	11.8	200	6339	1141	1.20	6.88	43.40	5.40	1.20	0.13
6		11.04	10.9	180	5932	830	1.90	93.80	40.20	7.60	1.40	0.09
7		10.50	12.7	350	7486	1198	1.30	56.00	48.80	1.78	0.07	0.11
8	聚合物钻井液	9.80	13.1	180	2581	490	1.10	70.20	42.20	未检出	未检出	0.15
9		9.86	17.6	2600	8196	1639	0.80	285.20	95.40	7.80	0.22	0.15
10		9.90	18.5	1650	8332	1916	1.40	276.40	101.00	8.40	0.20	0.14
11		9.98	16.3	1800	8241	1978	1.80	270.40	103.80	8.00	1.38	0.09
12		12.30	19.8	470	13222	1322	1.20	393.40	65.60	13.40	0.24	0.16
13		11.50	19.3	270	13856	1663	2.20	354.60	82.40	14.60	0.52	0.15
14		10.50	18.2	63	13847	1662	1.60	317.60	78.20	12.40	0.26	0.25
15	三磺钻井液	9.16	11.7	90	1734	156	3.20	340.60	256.80	12.60	0.72	0.28
16		8.38	23.8	1400	36122	3973	1.10	73.00	32.60	1.36	1.92	0.42
17		8.85	21.2	1800	30717	4608	2.70	178.20	未检出	2.40	3.54	0.29
18		8.96	26.5	2150	34501	4830	2.30	161.00	未检出	2.20	0.30	0.35
标准		—	—	300①	—	—	—	250.00②	170.00②	25.00②	3.40②	—

注：①为"六五"《国家土壤含量研究》(建议标准)；②为《土壤环境质量　农用地土壤污染风险管控标准(试行)》(GB 15618—2018)(pH>7.5)"其他"标准。

1) pH

pH 测量主要用于判断废弃钻井液的酸碱性，以分析其同周边环境土壤的 pH 差异和潜在污染风险。样品采集区域属于的典型黄土塬区，土壤 pH 范围为 6.9～8.5。测量结果表明，分散钻井液体系 pH 为 6.60～9.24，聚合物钻井液体系 pH 为 9.80～12.30，三磺钻井液体系 pH 为 8.38～10.50，聚合物钻井液体系碱性大大超过土壤背景值，如果不进行妥善处置随意堆放，会造成土壤和浅层地下水的污染，引起土壤表面板结，理化性质改变，发生盐碱化等现象(张晓飞等，2009)。

2) 含油量

表 2.2 的检测结果表明，与"六五"《国家土壤含量研究》(建议标准)相比：①分散钻井液样品含油量较低，分布于 5～20mg/L，无样品超标；②聚合物钻井液样品含油量差异较大，分布于 180～2600mg/L，其中超标样品数量为 5 个；③三磺钻井液体系样品含油量为 63～2150mg/L，3 个超标。三种类型钻井液样品超标数量占总数量的 44.4%(张晓飞等，2009)。

上述结果表明，部分废弃钻井液中的含油量超标。由于石油类物质在自然情况下的降解周期很长，其中的多环芳烃等"三致"物质一旦被植物吸收，很容易进入生物链，并最终在生物体内富集，造成严重损害，因此应对废弃钻井液进行妥善处置，避免因管理不当造成的石油类物质污染(张晓飞等，2009)。

3) 化学需氧量和生化需氧量

表 2.2 的检测结果表明，废弃钻井液的 COD 最高可达 36122mg/L，大大超过了自然环境的承受能力。其中，石油类物质和有机聚合物添加剂是废弃钻井液中 COD 的主要来源。

此外，生物降解性是评价钻井液中有机物的环境可接受性的重要表征，是指钻井液中的有机物在微生物的作用下，分解转化为微生物的代谢产物或细胞物质，并产生二氧化碳的过程，一般采用 BOD_5/COD_{Cr} 作为生物降解性的判断指标(张晓飞等，2009)。常规生物降解性分级标准见表 2.3。

表 2.3　常规生物降解性分级标准

生物降解性分级	$(BOD_5/COD_{Cr})/\%$
易生物降解	≥20
可生物降解	15～19
较难生物降解	6～15
难生物降解	≤5

由表 2.2 中数据计算可知：①分散钻井液体系 BOD_5/COD_{Cr} 为 29%～41%，属于易生物降解物质，说明在不添加助剂或少量添加助剂的情况下，钻井废水具有一定生物降解性；②聚合物钻井液体系 BOD_5/COD_{Cr} 为 10%～24%，大部分属于可生物降解和较难生物降解物质，说明此类钻井液生物降解过程缓慢或难以实现微生物自然净化，如果不妥善处置，会造成环境污染；③三磺钻井液体系均属较难生物降解物质，这与其配制过程中加入的大量聚合物类药剂有关，且磺化体系钻井液多用于深度超过 2500m 的水平井钻井过程，为防止井壁垮塌而加入的部分药剂也属难生物降解的物质(张晓飞等，2009)。

4) 重金属含量

钻井液中重金属元素的来源主要有以下可能途径：含有重金属的钻井液添加剂；特殊地层中的重金属元素随钻井液循环进入。研究测定了 Cr、Pb、As、Hg 四种重金属指标(图 2.19)，与《土壤环境质量　农用地土壤污染风险管控标准(试行)》(GB 15618—2018)二级(pH>7.5)的"其他"标准的指标对比，①Cr 含量为未检出～393.40mg/L，其中 5 个聚合物钻井液样品超标，2 个三磺钻井液样品超标，超标样品数量占全部样品数量 38.9%(表 2.2)；②Pb 含量为未检出～256.80mg/L，其中 1 个三磺钻井液样品超标，超标样品数量占全部样品数量 5.6%；③As 含量为未检出～14.6mg/L，无样品超标；④Hg 的含量为未检出～3.54mg/L，1 个三磺钻井液样品超标，超标样品数量占全部样品数量 5.6%。

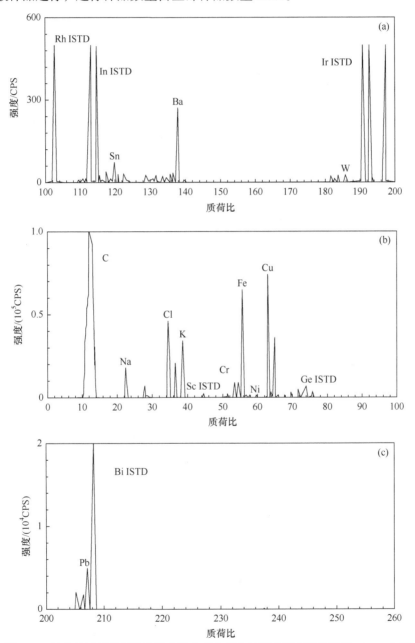

图 2.19 长庆油田某井场废弃钻井液中重金属电感耦合等离子体质谱(ICP-MS)图

(a) 分散钻井液的 ICP-MS 图；(b) 聚合物钻井液的 ICP-MS 图；(c) 三磺钻井液的 ICP-MS 图

上述结果表明，聚合物钻井液和三磺钻井液中存在不同程度的重金属超标，如果就地抛弃、排放，重金属随地表径流污染地表水、土壤或植被。Hg 在土壤微生物的作用下，可向甲基汞方向转化，并被微生物吸收、积累，进而进入食物链，对人体造成危害；Cr 元素也易被植物和人体吸收富集，造成严重的影响(张晓飞等，2009)。

5) 腐蚀速率

由表 2.2 中数据可知，废弃钻井液对碳钢的腐蚀速率主要与 pH、无机盐添加剂有关，除分散体系钻井液(样品 1～4)的腐蚀速率小于 0.1mm/a，聚合物钻井液体系(样品 5～13)及三磺钻井液体系(样品 14～18)的腐蚀速率均高于 0.1mm/a，特别是样品 16 的腐蚀速率达到了 0.42mm/a。实验结果表明，废弃钻井液对碳钢有一定的腐蚀性。

2. 废弃钻井液的胶体稳定性

1) 污泥比阻

钻井液稳定性很好，研究中采用污泥比阻来分析说明其稳定性能。污泥比阻是表示污泥过滤特性的综合性指标，它的物理意义是单位质量的污泥在一定压力下过滤时，单位过滤面积上的阻力。求此值的作用是比较不同污泥(或同一污泥加入不同量的混合剂后)的过滤性能。污泥比阻越大，过滤性能越差，其稳定性能越好。

图 2.20 为不同含固率废弃钻井液污泥比阻变化情况。由图 2.20 可以看出，废弃钻井液含固率越大，其污泥比阻也越大，而且污泥比阻均大于 $1\times10^9 s^2/g$ 1～2 个数量级。一般，污泥比阻大于 $0.9\times10^9 s^2/g$ 的污泥被认为是难过滤的污泥，即污泥稳定性好；污泥比阻在 $(0.5\sim0.9)\times10^9 s^2/g$ 的污泥被认为是中等过滤，污泥比阻小于 $0.5\times10^9 s^2/g$ 的污泥被认为是容易过滤，稳定性差。图 2.20 的结果说明，废弃钻井液的稳定性相当好，且废弃钻井液含固率越高，稳定性越好。

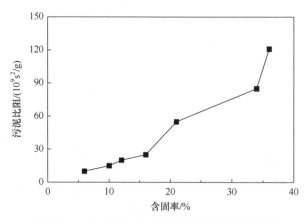

图 2.20　不同含固率废弃钻井液污泥比阻变化情况

2) 废弃钻井液表面电性分析

废弃钻井液稳定性好的原因在于其表面自由能过大, 为了进一步评价其稳定性能, 通过测定钻井液表面电性, 即 ζ 电位来间接评价废弃钻井液的表面自由能。不同含固率废弃钻井液 ζ 电位情况如表 2.4、图 2.21 所示。

表 2.4　不同含固率废弃钻井液表面电性分析结果

含固率/%	6.3	9.8	11.9	15.3	21.0	33.2	36.5
ζ 电位/mV	−33	−31	−30	−31	−29	−32	−28

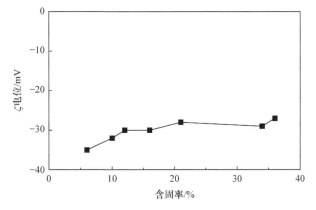

图 2.21　不同含固率废弃钻井液 ζ 电位变化情况

由表 2.4 和图 2.21 可以看出, 废弃钻井液的表面电性均呈现负电性, 且 ζ 电位在−30mV 左右变化。这一结果说明, 废弃钻井液稳定的主要原因在于钻井液中无机颗粒之间的相互电性斥力。要改变钻井液的这种电性斥力稳定性, 则需要向钻井液体系中添加电解质, 对其表面电荷进行电性中和以破胶脱稳, 破坏其稳定性。

此外, 由图 2.21 可以看出, 废弃钻井液体系含固率越低, 其 ζ 电位越低。分析其组成可以知道, 其中的有机物含量较非分散低固相泥浆体系高, 当其固相含量较低时, 其中附着于固体表面的有机物有溶于水相的趋势, 可能会使其表面电位的屏蔽性能降低, 从而还原其中的固体黏土颗粒电性。有机物的屏蔽作用也是废弃钻井液相较非分散低固相泥浆体系 ζ 电位高的原因所在。

3. 废弃钻井液生物毒性

采用发光细菌实验法测定废弃钻井液生物毒性, 其原理是测量与不同种类、不同质量分数的废弃钻井液接触后, 加在废弃钻井液中的一种发光细菌的生物冷光光强因细菌健康受损而发生的变化, 以光强降低 50% 的毒性物的有效质量分数

EC$_{50}$表示。这种实验制样需要 1h，实验需要 15min。测量光强方法简单，先将发光细菌储存在冷冻状态下，在实验室直接加入废弃钻井液，不需要进行培养。课题组运用青海弧菌-Q67 的荧光特性评价所采集废弃钻井液样品的生物毒性，结果见表 2.5。

表 2.5　长庆油田某井场废弃钻井液生物毒性等级评价

样品编号	类别	含固率 /%	Cr 含量 /(mg/kg)	5min EC$_{50}$ /(mg/L)	15min EC$_{50}$ /(mg/L)	毒性 等级
1		6.3	5.6	>100000	>100000	无毒
2	分散 钻井液	9.2	4.4	>100000	>100000	无毒
3		8.5	未检出	>100000	>100000	无毒
4		6.4	19	>100000	>100000	无毒
5		11.8	6.9	11326	10940	微毒
6		10.9	93.8	11069	10805	微毒
7		12.7	56.0	8326	7110	微毒
8		13.1	70.2	8099	7054	微毒
9	聚合物 钻井液	17.6	285.2	9220	8744	中毒
10		18.5	276.4	9630	8948	中毒
11		16.3	270.4	8816	7006	中毒
12		19.8	393.4	11120	9824	微毒
13		19.3	354.6	16196	14692	微毒
14		18.2	317.6	16832	12872	中毒
15		11.7	340.6	5600	4850	中毒
16	三磺 钻井液	23.8	73.0	5980	4970	微毒
17		21.2	178.2	5165	4710	中毒
18		26.5	161	4176	3044	中毒

检测结果显示，三磺钻井液和聚合物钻井液共 14 个样品表现出毒性，有毒样品数量占样品总数的 78%。分析数据可知：

(1) 分散钻井液体系未表现出生物毒性。

(2) 聚合物钻井液体系表现出一定生物毒性，其中微毒样品 6 个，中毒样品 3 个。分析原因可能与其中加入的聚丙烯酰胺、羧甲基纤维素钠盐、复合金属离子抑制剂、成膜树脂、烧碱等钻井液助剂有关。

(3) 三磺钻井液体系钻井废水毒性最高，其中微毒样品 1 个，中等毒性样品 4 个。分析原因可能与其配制过程中加入的磺化酚醛树脂、磺化沥青等物质有关。

2.3　钻采废水处理性能评价

2.3.1　钻采废水处理归宿及约束条件

钻采废水处理后归宿一般有两种,一种是达标排放,另一种是达标回用,其中达标回用包括回注于目的层驱油和回用配制工作液。长庆油田地处我国北方生态脆弱区,区域环境敏感,一般条件下钻采废水不外排,因此在此区域钻采废水的达标排放较难实施。

将钻采废水处理到回用标准,用于配制工作液,体现了循环经济理念,最大程度地利用有限水资源,是一种环境友好型处理方式且对处理程度的要求不高。但是,由于去除钻采废水中高浓度无机污染物,将钻采废水处理至城市杂用水水质标准,需要较高能量消耗,对于油田企业而言经济成本很高,实际应用存在困难。直接回注是将处理达标的钻采废水回注于油田目的层,既能保持地下水位的稳定,又能避免对环境的影响,经济性好,是一种优选途径。同时,回注地层的水质指标与配制工作液相比,也较为严格。因此,研究的关注点是回注于目的层,钻采废水处理约束条件以回注标准限值为主。

目前,长庆油田区域钻采废水回注执行《碎屑岩油藏注水水质指标技术要求及分析方法》(SY/T 5329—2022)标准要求,主要控制因子为 SS 含量、中值粒径、含油量和平均腐蚀速率,SRB 浓度和溶解氧含量则作为注水水质辅助控制项目。其中,SS 含量和中值粒径主要是控制回注过程的能耗,这是因为 SS 含量过高,中值粒径过大,容易导致地层喉头的堵塞,增大回注阻力。较高的平均腐蚀速率、SRB 浓度和溶解氧含量条件下,石油管道设备容易腐蚀。钻采废水处理回注的执行标准见表 2.6。

表 2.6　钻采废水处理回注的执行标准

项目	SS 含量 /(mg/L)	中值粒径 /μm	含油量 /(mg/L)	平均腐蚀速率 /(mm/a)
数值	≤15	≤5	≤10	≤0.076

采集长庆油田不同站点的钻采废水,采样后进行实验室化验分析。研究中,SS 含量、黏度、含油量、腐蚀速率、SRB 浓度和中值粒径等指标分析方法参照国家标准分析方法。SRB 浓度采用《碎屑岩油藏注水水质指标技术要求及分析方法》(SY/T 5329—2022)里的方法测定,SS 含量分析采用重量法,黏度分析使用1103 型旋转黏度计测定,含油量分析采用非分散红外分光光度法,腐蚀速率分析采用重量法,中值粒径分析采用激光粒径测定仪。

1. 水质矩阵中水质指标及范围因子的确定

根据水质矩阵的基本理论，建立钻采废水水质矩阵，引入权重因子，以《碎屑岩油藏注水水质指标技术要求及分析方法》(SY/T 5329—2022)要求为约束条件，评价影响钻采废水分类的水质指标。研究采用 SS 含量、中值粒径、腐蚀速率、SRB 浓度和含油量等指标，表征钻采废水中悬浮固体、微生物指标和石油类等特性(王湧，2021)。

根据检测数据，计算水质指标对应污染物的超标倍数，比较超标倍数的大小并构造判断矩阵，完成钻采废水中主要污染物权重的计算和分配。最终建立的水质矩阵和钻采废水中污染物超标倍数计算结果见表 2.7。

表 2.7　长庆油田钻采废水水质评价的水质矩阵和污染物超标倍数计算结果

项目	酸化废水	胍胶废水	稠化废水	生物胶废水	EM 系列废水	洗井废水
腐蚀	0.27	0.02	0.05	0.02	0.03	0.02
速率	(2.6)	(−0.7)	(−0.3)	(−0.7)	(−0.6)	(−0.7)
含油量	51.13	87.57	81.85	68.42	62.04	161.55
	(7.5)	(13.6)	(12.6)	(10.4)	(9.3)	(25.9)
SS 含量	151.48	153.44	155.70	157.05	146.22	77.41
	(74.7)	(75.7)	(76.9)	(77.5)	(72.1)	(37.71)
中值	25.87	25.43	21.37	18.45	22.86	17.83
粒径	(16.2)	(15.9)	(13.2)	(11.3)	(14.2)	(10.9)
SRB 浓度	192.07	62520.00	77433.33	60000.00	62750.00	78750.00
	(18.2)	(6251.0)	(7742.3)	(5999.0)	(6274.0)	(7874.0)
IB 浓度	267.57	61626.67	69666.67	80863.64	75972.22	88175.24
	(1.7)	(615.3)	(695.7)	(807.6)	(758.7)	(880.8)
TGB 浓度	101.02	51293.33	68933.33	64772.73	79750.20	60925.25
	(0.0)	(511.9)	(688.3)	(646.7)	(796.5)	(608.34)

注：括号内数据为超标倍数。

比较表 2.7 中各类污染物超出排放标准的倍数，根据倍数的大小，确定其中任意两个指标的相对重要性，构造判断矩阵，结合标度赋值规则给判断矩阵赋值(金鹏康等，2011；Tambo et al.，1978)，可以得到：

$$P=\begin{array}{c}\\ \text{腐蚀速率}\\ \text{中值粒径}\\ \text{含油量}\\ \text{SS含量}\\ \text{SRB浓度}\\ \text{IB浓度}\\ \text{TGB浓度}\end{array}\begin{bmatrix} 1 & 2 & 3 & 5 & 6 & 8 & 9 \\ 1/2 & 1 & 2 & 4 & 5 & 8 & 9 \\ 1/3 & 1/2 & 1 & 3 & 5 & 8 & 9 \\ 1/5 & 1/4 & 1/3 & 1 & 4 & 8 & 9 \\ 1/6 & 1/5 & 1/5 & 1/4 & 1 & 6 & 9 \\ 1/8 & 1/8 & 1/8 & 1/8 & 1/6 & 1 & 9 \\ 1/9 & 1/9 & 1/9 & 1/9 & 1/9 & 1/9 & 1 \end{bmatrix}$$

由此可以求得，$\overline{W_1}$ =2.9499，$\overline{W_2}$ =2.5215，$\overline{W_3}$ =2.5776，$\overline{W_4}$ =1.4860，$\overline{W_5}$ = 0.6859，$\overline{W_6}$ =0.3365，$\overline{W_7}$ =0.1521($\overline{W_i}$ 为矩阵 P 每一行元素的 n 次方)。判断矩阵的特征向量为 W=(0.276，0.235，0.241，0.139，0.064，0.031，0.014)；矩阵的最大特征方根 λ_{max}=7.037。

一致性指标 CI=(λ_{max}−7)/(7−1)=0.0062，当 n=7 时，RI 值为 1.32，得到一致性比例 CR=CI/RI=0.0047<0.1(CR 为随机一致性比值，RI 为随机一致性指标)，表明判断矩阵具有满意的一致性，因此权重分配合理，特征向量 W=(0.276，0.235，0.241，0.139，0.064，0.031，0.014)可以作为权重向量。

按照上述分析计算后，长庆油田钻采废水各污染物排放所占权重评价结果见表 2.8。

表 2.8　长庆油田钻采废水各污染物排放指标所占权重评价结果

指标	腐蚀速率	中值粒径	含油量	SS 含量	SRB 浓度	IB 浓度	TGB 浓度
权重	0.276	0.235	0.241	0.139	0.064	0.031	0.014

从表 2.8 可以看出，腐蚀速率、中值粒径和含油量排放所占权重在 0.15 以上，权重值较高，在钻采废水处理中是需要重点降低的指标。其余指标权重均在 0.15 以下，处理的重要性略低于腐蚀速率、中值粒径和含油量。

2. 钻采废水归类分析

以各类钻采废水为污染物排放权重分配对象，利用同样方法构造出判断矩阵 P，并进行赋值，根据矩阵 P 进行权重分配，分别计算出不同钻采废水污染物排放所占权重，评价结果见表 2.9。

表 2.9　长庆油田钻采废水处理难度评价结果

类型	酸化废水	胍胶废水	稠化废水	生物胶废水	EM 系列废水	洗井废水
权重	0.1373	0.3363	0.2567	0.0285	0.1739	0.0673
处理难度	较难	最难	很难	较容易	较难	最容易

从表 2.9 可以看出，胍胶废水、稠化废水和 EM 系列废水污染物排放权重在 0.15 以上，权重值较高，较其他类型废水特性具有显著区别，处理难度大。因为生物胶废水微生物含量高，杀菌要求高，所以处理特性显著不同。其他类型废水污染物排放权重均在 0.15 以下，表明污染特性差别较小，且处理较容易。

2.3.2　固液分离限制因子分析

由 2.3.1 小节分析可知，胍胶废水、稠化废水和 EM 系列废水是难处理的三种钻采废水,其控制性指标见表 2.10。三种废水均具有高黏度、高浓度有机物的特点。高黏度导致传质作用缓慢,造成处理时间长、处理难度大、处理效果差;高浓度有机物降低了钻采废水混凝性,导致固液分离效果变差。提高钻采废水易处理特性,可实现的途径包括降黏度、改善混凝性、强化固液分离。

表 2.10　三种难处理钻采废水控制性指标

钻采废水类型	黏度/(mPa·s)	COD/(mg/L)	SS 含量/(mg/L)	中值粒径/μm
胍胶废水	15.64	7719.56	135.83	22.11
稠化废水	14.63	6280.92	155.81	21.85
EM 系列废水	11.09	6094.92	139.96	26.89

1) 降黏度

通常情况下,水在 20℃的黏度约为 1mPa·s,而钻采废水的黏度是水的 2~15 倍(图 2.22),这是钻采废水难以处理的主要问题所在。水的黏度越大,流动性越差。因此,投加的化学药剂在钻采废水中很难扩散,传质作用缓慢,造成处理时间很长,且影响处理效果。图 2.22 显示,不同钻采废水黏度有显著区别。其中,胍胶废水、稠化废水和 EM 系列废水黏度较高,分布在 8~18mPa·s;其次是酸化废水和生物胶废水,黏度分布在 2.5~10.5mPa·s;最后是洗井废水,黏度分布在 2~2.6mPa·s。

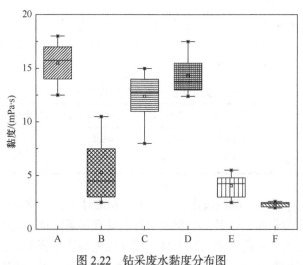

图 2.22　钻采废水黏度分布图
A~F 分别为胍胶废水、酸化废水、稠化废水、EM 系列废水、生物胶废水和洗井废水

在不降黏度情况下生物胶废水和洗井废水具有良好混凝特性,而胍胶废水、酸化废水、稠化废水和 EM 系列废水混凝性较差(表 2.11)。分析原因为洗井废水

中的 SS 主要由土壤颗粒、细岩屑等组成,因此在不降黏度情况下混凝效果较好。生物胶是微生物代谢后的天然高分子,生物胶压裂废水在外因给定的适当条件下,遇水后由分子主价力、次价力、静电力及机械作用力等综合作用结果形成良好的胶体,经过压裂操作后,出水残存胶体容易电中和失稳,因此混凝效果好。

表 2.11　钻采废水降黏度与不降黏度对混凝浊度及去除率影响

钻采废水类型	原有浊度/NTU	降黏度			不降黏度		
		浊度/NTU	混凝后浊度/NTU	去除率/%	浊度/NTU	混凝后浊度/NTU	去除率/%
酸化废水	366	279	123	55.91	366	143	60.93
胍胶废水	420	321	192	40.19	420	287	31.67
稠化废水	430	410	271	33.90	430	311	27.67
EM 系列废水	145	133	8.4	93.68	145	87	40.00
生物胶废水	82	79	10.3	86.96	82	12.5	84.76
洗井废水	117	112	5.7	94.91	117	6.9	94.10

表 2.11 还显示,EM 系列废水降黏度后混凝,浊度去除率从 40.00%提升到了93.68%,说明降黏度对 EM 系列废水混凝促进作用明显。胍胶废水、酸化废水和稠化废水无论降黏度与否混凝效果均较差,改进措施为深度改性后再混凝。

2) 改善混凝性

胍胶废水、酸化废水和稠化废水无论降黏度与否混凝效果均较差,将三种废水按照降黏度与不降黏度后出水,进行有机物改性后确定其混凝特性,确保钻采废水处理后达标回注。钻采废水有机物改性改善混凝性效果见表 2.12。

表 2.12　钻采废水有机物改性改善混凝性效果对照表

钻采废水类型	不降黏度				降黏度			
	浊度/NTU	有机物改性浊度/NTU	混凝后浊度/NTU	去除率/%	浊度/NTU	有机物改性浊度/NTU	混凝后浊度/NTU	去除率/%
胍胶废水	420	320	25.6	92.00	321	293	6.9	97.65
酸化废水	366	289	8.3	97.13	279	187	10.2	94.55
稠化废水	430	365	28.8	92.11	410	321	11.4	96.45

从表 2.12 可以看出,降黏度不是影响胍胶废水、稠化废水和酸化废水混凝效果的限制因素,有机物改性对三者均有显著效果。有机物改性后浊度去除率都在92%以上,较不改性前增加了 30 个百分点以上。对于酸化废水,不降黏度后有机物改性混凝效果更好(混凝后出水浊度为 8.3NTU)。

3) 强化固液分离

从图 2.23 可以看出,胍胶废水、酸化废水、稠化废水和 EM 系列废水浊度去除率低于生物胶废水和洗井废水，原水中存在大量难以沉降的絮状物，混凝效果较差。混凝过程中，胍胶废水生成的絮凝体颗粒直径较小，不易沉淀；酸化废水混凝过程中，絮凝体轻，稍微扰动又重新分散到溶液中；生物胶废水和洗井废水经常规混凝后，基本无色、透亮，存在少部分悬浮颗粒。常规混凝条件下，生物胶废水和洗井废水浊度去除效果好。酸化废水、胍胶废水、稠化废水、EM 系列废水固液分离效果差，需进一步强化。

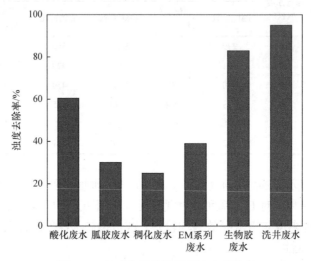

图 2.23　钻采废水常规混凝浊度去除率

参 考 文 献

贺栋, 2013. 陇东油田水平井压裂废水再生利用技术研究与利用[D]. 西安: 西安建筑科技大学.

金鹏康, 周立辉, 王晓昌, 等, 2011. 基于水质矩阵的石油压裂废水处理性评价[J]. 安全与环境学报, 11(5): 74-77.

雷志伟, 2013. 油田修井废水回注地层水质配伍性评价[D]. 西安: 西安建筑科技大学.

李联合, 2023. 基于油田环保中钻井泥浆回收利用分析[J]. 西部探矿工程, 35(7): 56-58.

刘海水, 2023. 废弃钻井液分类处理及其效能探讨[J]. 石化技术, 30(7): 221-223.

刘岚, 2010. 石油压裂废水的催化臭氧化特性研究[D]. 西安: 西安建筑科技大学.

田辉, 2016. 气田压裂废水循环利用技术研究[D]. 西安: 西安建筑科技大学.

王湧, 2021. 水质多变型油田作业废水模块化处理工艺原理与应用[D]. 西安: 西安建筑科技大学.

张晓飞, 范巍, 许毓, 等, 2009. 钻井废液毒性检测与评价研究[J]. 油气田环境保护, 19(4): 30-33, 58.

张祎徽, 2008. 废弃钻井液无害化处理技术研究[D]. 青岛: 中国石油大学(华东).

朱科源, 2022. 钻井液废弃物影响及处理研究[J]. 西部探矿工程, 34(8): 49-50.

TAMBO N,TASUKU K, 1978. Treatability evaluation of general organic matter. Matrix conception and its application for a regional water and wastewater system[J]. Water Research, 12(11):931-950.

第3章 难处理污染物的化学转化技术

3.1 油气田废水有机物的臭氧氧化

3.1.1 羟基自由基的生成

羟基自由基(·OH)是一种重要的活性氧物质,从化学式上看是由氢氧根(OH⁻)失去一个电子形成。羟基自由基具有极强的得电子能力,因此其氧化性很强,氧化电位 2.8eV,是自然界中仅次于氟的氧化剂。

加入催化剂催化活化臭氧分子是促进臭氧产生羟基自由基的一般方法,这类催化剂具有高效催化活性,能有效催化活化臭氧分子。在多相催化臭氧氧化技术中涉及的催化剂主要是金属氧化物(Al_2O_3、TiO_2、MnO_2 等)、负载于载体上的金属或金属氧化物(Cu/TiO_2、Cu/Al_2O_3、TiO_2/Al_2O_3 等)及具有较大比表面积的孔材料。这些催化剂的催化活性主要表现为对臭氧的催化分解和促进羟基自由基的产生(游洋洋等,2014)。同时,大量的研究结果表明,臭氧在水中通过极其复杂的自由基连锁反应(radical chain reaction)发生自我分解,生成具有很强氧化能力的羟基自由基(·OH)(金鑫,2016)。

臭氧产生羟基自由基的实验中,羟基自由基的检测采用二甲亚砜捕获剂联合高效液相色谱法。在室温条件下,臭氧进气量 Q=0.8L/min 时向 500mL 去离子水中加入 pH=7 的 H_3PO_4-NaOH 缓冲溶液,加入 10mL 自由基捕获剂二甲亚砜;分别取不同时间的水样进行高效液相色谱分析,羟基自由基产量随时间变化如图 3.1 所示。由图 3.1 可知,羟基自由基的产量随反应时间的延长而增加,说明

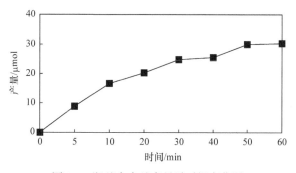

图 3.1 羟基自由基产量随时间变化图

臭氧在反应中发生了自分解，产生了大量的强氧化剂羟基自由基，且其产量随时间的延长而增大。

3.1.2　紫外吸光度变化

　　取 2L 压裂废水进行臭氧曝气，在 0～120min 不同氧化时间点取样，用紫外-可见光分光光度计对样品进行全扫描，图 3.2 为不同臭氧氧化时间压裂废水光谱的变化。由图 3.2 可以看出，在波长为 200～300nm 的紫外区，压裂废水有吸光度，说明其中存在苯环及其共轭体系、共轭双键(共轭二烯烃、不饱和醛、不饱和酮)。随着臭氧氧化时间的延长，可见光波长区域的吸收强度明显减弱，且特征吸收峰渐渐趋于平缓，由此可知臭氧破坏了反应体系中的苯环及中间产物所含的共轭键和羰基(刘岚，2010)。然而，臭氧并不能破坏压裂废水中所有的不饱和键，反应一段时间后，部分物质还有一定的吸光度，如在 200～250nm 波长处，说明还存在部分含不饱和结构的物质。

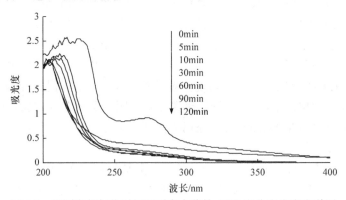

图 3.2　不同臭氧氧化时间压裂废水紫外-可见光分光光度光谱图

3.1.3　分子质量分布变化

　　同之前实验步骤相同，将 0～120min 不同氧化时间点提取的水样用高效液相色谱检测其中有机物的变化。图 3.3 为不同氧化时间点压裂废水中有机物分子质量(molecular weight，MW，单位为 Da)的变化情况，通过水中有机物分子质量的变化情况，可以判断水中大分子有机物的断链情况。

　　由图 3.3 可以看出，压裂废水的有机物分子质量主要在 200～2000Da 的范围，分子质量在 1000～2000Da 的有机物含量居多。在臭氧氧化初期，分子质量介于 1000～2000Da 的峰迅速下降，同时，分子质量介于 500～1000Da 的峰逐渐减少，而分子质量为 1000Da 的峰迅速增加；在臭氧氧化后期，1000Da 左右的峰大量积累，分子质量小于 500Da 的峰逐渐增加，说明氧化过程中大分子有机物逐渐断链，转变为小分子有机物。

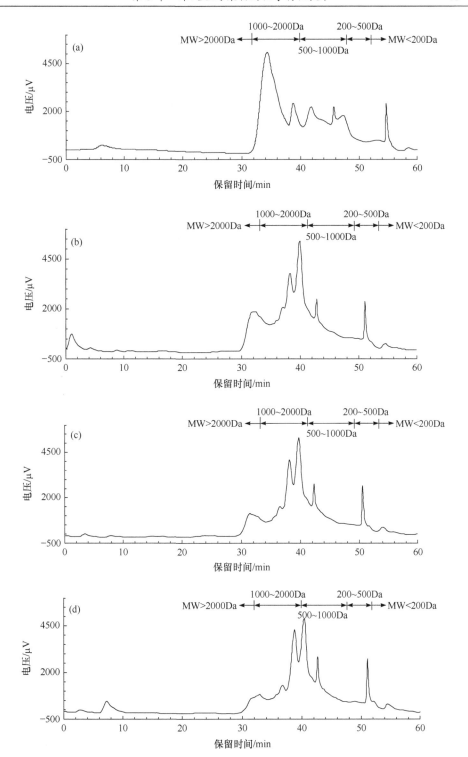

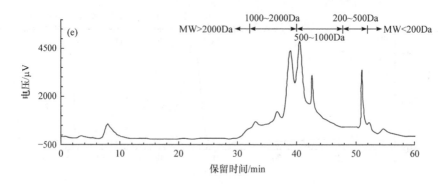

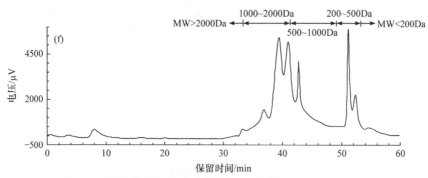

图 3.3　不同氧化时间点压裂废水中有机物分子质量的变化情况

(a) 0min；(b) 5min；(c) 30min；(d) 60min；(e) 90min；(f) 120min

3.1.4　官能团变化

1. 红外光谱分析结果

红外分光光谱可以分析水中有机官能团的变化情况。图 3.4、图 3.5 为不同萃取剂下氧化反应前后压裂废水中有机物的红外光谱图。由图可以分析，水中环状类的有机物数量和种类随着氧化时间的延长而逐渐减少。在 3000cm^{-1} 附近存在着

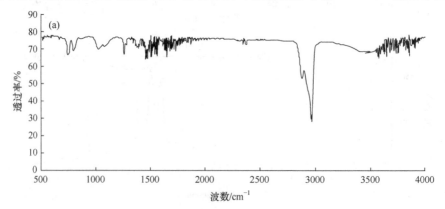

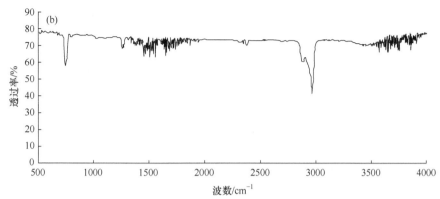

图 3.4　氧化反应前后压裂废水中有机物的红外光谱图的变化情况(石油醚萃取)
(a) 氧化反应前；(b) 氧化反应后

羟基伸缩振动峰，但其高度已经远远低于原水中羟基的含量，说明该类物质的含量随着氧化反应的进行在减少；$1000cm^{-1}$ 附近的环状类物质峰逐渐减弱至消失，说明氧化反应首先使环状类污染物质的不饱和键逐渐破裂，其次进一步将其氧化为饱和链烃类有机物，最终彻底将有机物氧化(刘岚，2010)。

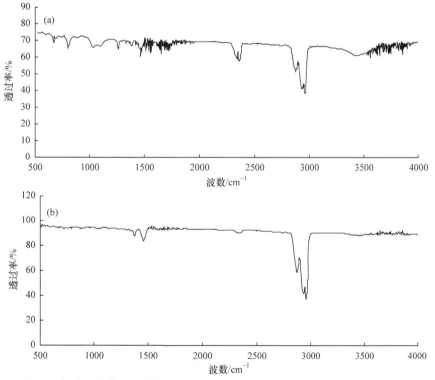

图 3.5　氧化反应前后压裂废水中有机物的红外光谱图的变化情况(正己烷萃取)
(a) 氧化反应前；(b) 氧化反应后

2. GC-MS 分析结果

分别使用石油醚与正己烷萃取压裂废水后，用 GC-MS 检测，然后使用同样方法分别检测经过臭氧氧化 30min、60min、90min 和 120min 的压裂废水，GC-MS 谱图分析结果如图 3.6 和图 3.7 所示。分析可知，以苯环结构为主的芳香类化合物和其他杂环组成的有机物主要存在于压裂原水中，苯环及杂环上的主要物质包括酚、酮、羧酸、酯、氨基、醛等。经臭氧氧化后，有机物主要是链烃类物质，如酚、羧酸、酯、醇、醚、烷烃等。由此说明，压裂废水中有机物的化学结构经臭氧氧化后发生了较大变化，一些复杂的以苯环为主的大分子有机物被氧化分解为

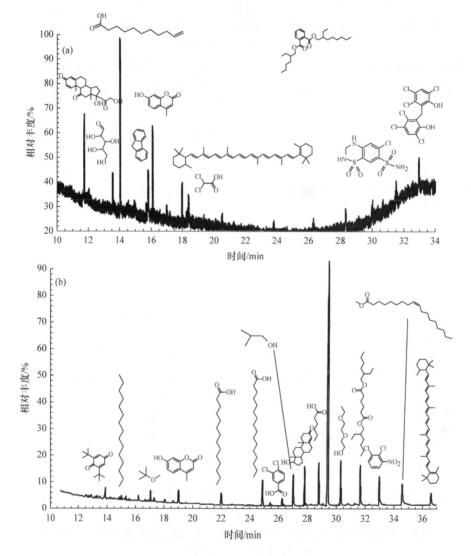

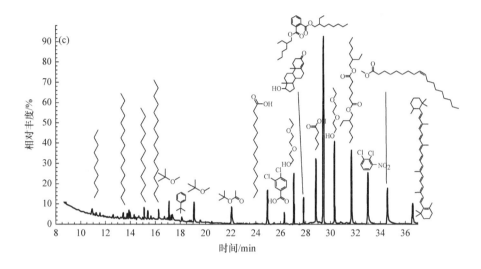

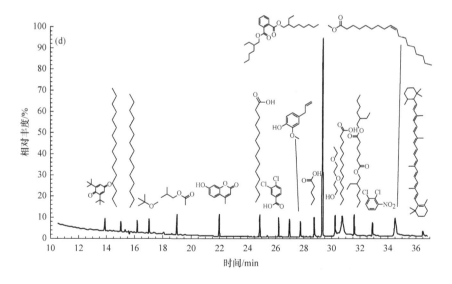

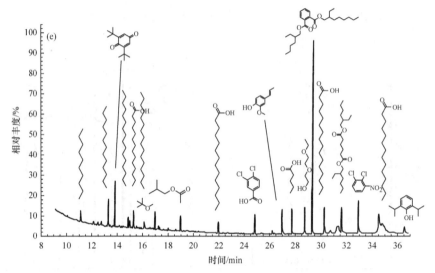

图 3.6　不同氧化反应时间点压裂废水的 GC-MS 谱图分析结果(石油醚萃取)

(a) 0min；(b) 30min；(c) 60min；(d) 90min；(e) 120min

简单的链烃类有机物，臭氧氧化使有机物发生开环和断链反应，其中氧化产物中羧酸类有机物居多(金鹏康等，2010；刘岚，2010)。

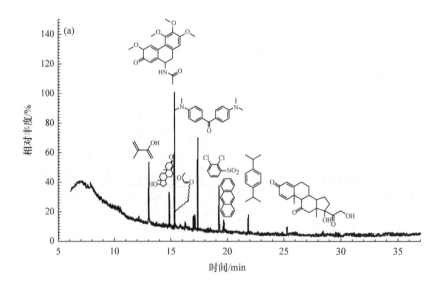

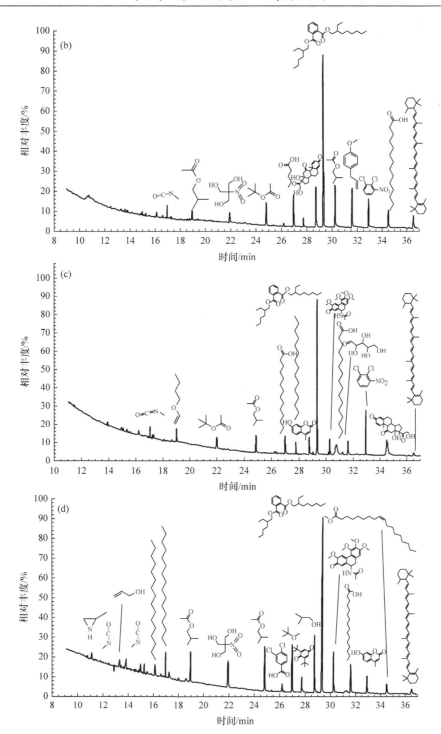

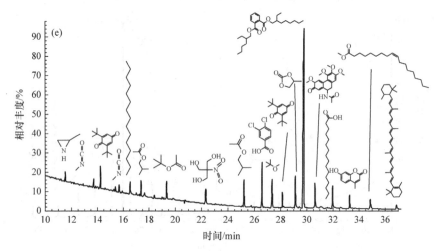

图 3.7　不同氧化反应时间压裂废水的 GC-MS 谱图分析结果(正己烷萃取)

(a) 0min；(b) 30min；(c) 60min；(d) 90min；(e) 120min

3.2　油气田废水臭氧催化氧化

3.2.1　催化剂的选择

臭氧催化氧化法是在单纯臭氧氧化的基础上加入催化剂以提高氧化效果，又分为均相催化和多相催化两种反应。均相催化反应是催化剂与反应物同处于均匀物相中的催化反应，而多相催化反应是气态或液态反应物与固态催化剂在两相界面上进行的催化反应(李妍，2020)。在多相催化氧化过程中，由于催化剂的作用，产生了比臭氧氧化能力更强的羟基自由基·OH。·OH 具有极强的氧化能力，且氧化反应无选择性，能够分解高分子有机化合物，包括一些高稳定性、难降解有机物。用此方法对油田作业废水进行处理，以期获得良好的处理效果(梁竞文等，2021；赵凯，2010)。

本小节分别介绍 O_3 加入 MnO_2 固态催化剂(异相催化剂)、$MnSO_4$ 同相离子型催化剂、H_2O_2 均相型催化剂、MnO_2 和 H_2O_2 多相催化剂四种催化氧化形式，探究三种典型压裂废水的处理效果。

1. O_3/MnO_2 催化氧化

在氧化时间 2h 的条件下，臭氧浓度保持 1.5g/L，以 MnO_2 作为催化剂，投加量分别为 0.2g/L、0.5g/L、1g/L、1.5g/L、2g/L、2.5g/L，三种废水水样 COD 变化如图 3.8 所示。在 MnO_2 投加量为 1g/L 时 COD 降至较低水平，而随着 MnO_2 投加量继续增加，COD 降低速度减缓，证明 MnO_2 的催化效能已达最高。考虑到在

MnO₂ 投量为 1g/L 时继续投加对反应的影响趋缓，将投加量确定为 1g/L。

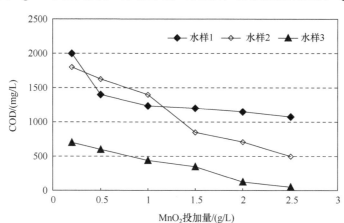

图 3.8　MnO₂ 投加量与 COD 关系曲线

2. O₃/MnSO₄ 催化氧化

与 MnO₂ 作催化剂条件相同，臭氧氧化 2h 条件下，分别投加 0.2g/L、0.5g/L、1g/L、1.5g/L、2g/L、2.5g/L 的 MnSO₄，COD 变化如图 3.9 所示。从图 3.9 同样可以看出，随着 MnSO₄ 投加量的增加，水样中的 COD 显著降低。但是，臭氧催化氧化的效果要明显劣于投加 MnO₂ 的臭氧催化氧化效果。

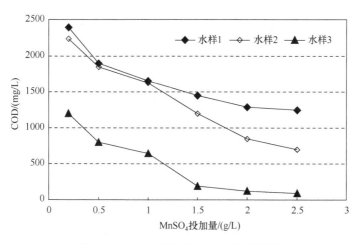

图 3.9　MnSO₄ 投加量与 COD 关系曲线

3. O₃/H₂O₂ 催化氧化

H₂O₂ 具有很强的氧化性，在水处理中主要用作氧化剂。将 H₂O₂ 加入 O₃ 催化氧化体系时，一方面臭氧自分解可以产生大量的·OH，另一方面 O₃/ H₂O₂ 也可以产生·OH，可显著提高臭氧的使用效率。由于羟基自由基的增加，自由基的强氧化性和氧化反应无选择性，使得对水中有机物的降解去除效率大幅增加，从而取得良好的处理效果(Audenaert et al., 2013)。H_2O_2投加量与COD关系曲线如图 3.10所示。

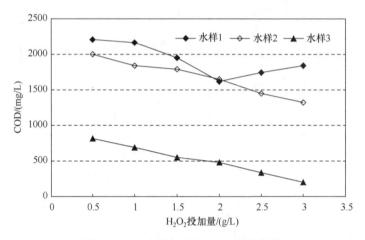

图 3.10　H_2O_2投加量与COD关系曲线

通过对图 3.10 的数据分析可知，COD 的去除率随着 H_2O_2 投加量的增加而增大。当 H_2O_2 投加量为 2g/L 时，对有机物的去除率达到最大，继续投加 H_2O_2 反而会导致 COD 升高(水样 1)。这是因为 H_2O_2 的投加量过大，没有与水样中的有机物充分反应，而停留在了水样中，在进行 COD 检测时导致测试数据偏高(赵凯，2010)。由此说明，此时 H_2O_2 的投加量已经超过了反应所需，投加量应定为 2g/L。

4. O_3/ MnO_2/ H_2O_2 催化氧化

由以上实验得出的结论，将 MnO_2 投加量定为 1g/L，改变 H_2O_2 的投加量，考察 O_3/MnO_2/H_2O_2 催化氧化对三种压裂废水处理情况，COD 变化如图 3.11 所示。从图 3.10、图 3.11 可以看出，在 O_3/H_2O_2 催化氧化体系下，由于产生的羟基自由基有限，对 COD 的去除效果不如 O_3/MnO_2/H_2O_2 催化氧化体系。证明在 O_3/MnO_2/H_2O_2 催化氧化体系中产生的大量羟基自由基对废水中有机物的降解及去除起到了至关重要的作用。值得注意的是，随着 H_2O_2 投加量的增加，COD 有上升趋势，这是因为体系中的 H_2O_2 没有与 O_3 完全反应，剩余的部分又通过 COD 反映出来，最后将 H_2O_2 的投加量定为 2g/L。

通过尝试用各种催化剂进行臭氧催化氧化，包括 MnO_2、$MnSO_4$、H_2O_2 等，或将其中几种催化剂联用来提高作用效果，对几种催化剂的催化效果总结如下。

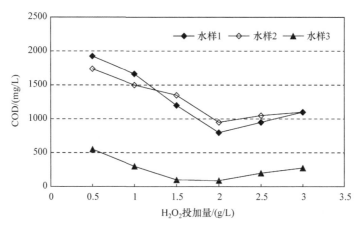

图 3.11　H₂O₂ 投加量与 COD 关系曲线(MnO₂ 投加量定为 1g/L)

(1) 用 MnO₂ 作催化剂时，对水样 2 和水样 3 的 COD 去除作用明显。在臭氧氧化 2h 后，水样 2 的 COD 降至 500mg/L，COD 去除率达到 90%，而水样 3 的 COD 在 2h 后降至 66mg/L，已经达到国家污水综合排放指标(GB 8978—1996)中的二级指标。

(2) 使用 MnSO₄ 作催化剂时，可以极大降低压裂废水中的 COD。在氧化时间为 2h 时，取样进行检测的结果表明，水样 1 的 COD 为 1280mg/L，水样 2 的 COD 为 860mg/L，水样 3 的 COD 为 73mg/L，已经达到 GB 8978—1996 二级指标。

(3) 使用 H₂O₂ 作催化剂对三种水样进行臭氧催化氧化处理后可以发现，在投加量为 2g/L 及以内时，这种工艺对三种水样的 COD 的降低作用较明显，而投加量超过 2g/L 后，由于 H₂O₂ 过量残留在水样当中，水样 1 的 COD 又有所增加。因此，以过氧化氢作为催化剂时，不宜过量。本研究中，过氧化氢的最佳投加量确定在 2g/L。

(4) 将 MnO₂/H₂O₂ 联用对三种水样进行臭氧催化氧化处理，氧化时间定为 2h，通过分析，当 MnO₂ 投加量为 1g/L，H₂O₂ 的投加量为 2g/L 时，对水样中有机物的去除效果最佳。

(5) 各种催化剂单独使用均有一定的催化效果，但是催化效能有限，随着氧化时间的延长或者催化剂投加量的增加，对有机物的去除率提高缓慢。据此可以推断，催化剂单独使用时，当达到一定的氧化时间后，催化剂的投加量便成为制约有机物去除率的一个因素，从而导致对有机物的去除率不能继续增加。

基于上述分析的五点原因，研究者在后面的催化氧化实验中，均采用 MnO₂ 作为催化剂，催化剂投加量为 1g/L。

3.2.2　黏度对臭氧催化氧化效果的影响

1. 水体黏度对处理过程的影响

石油压裂废水处理的重要因素为黏度和 COD。因此，在考虑对石油压裂废水进行进一步处理时，首先考虑黏度的降低。通过以往对石油压裂废水的研究观察发现，初期的石油压裂废水均有较高的黏度，这是由压裂液中使用的胍胶等高分子物质引起的。

对石油压裂废水的降黏研究一直在进行当中。张玉芬等(2006)通过研究指出，Fenton 试剂对压裂液氧化降黏处理的初始阶段，随着反应时间增加，体系黏度下降趋势明显；随着链反应的完成，体系的黏度趋于稳定，稠化剂分子的链结构与浓度不再变化。此外，$FeSO_4$ 作为链反应引发剂，适当增加其浓度可减少黏度达到稳定的用时，而且提高 Fenton 试剂氧化降黏的处理能力。牟善波等(2009)评价了天然气、氮气、二氧化碳三种常见气体对阴离子型表活剂压裂液的影响。实验证明，三种不同的气体对阴离子表面活性剂压裂液的黏度降低幅度存在较大的差别。其中，二氧化碳气体对阴离子型表活剂压裂液黏度降低幅度最大，可使交联液体彻底破胶；天然气对阴离子型表活剂压裂液黏度降低幅度较小；氮气对阴离子型表活剂压裂液的黏度几乎没有影响；氮气和天然气可以使液体泡沫化，从而有利于返排。实验结果为优化压裂设计提供了依据，可有效提高现场压裂施工成功率。

基于石油压裂废水的特殊性质，由实验观察发现，在水样黏度达到 2×10^{-3} Pa·S 及以上时，黏度即开始影响反应过程和处理效果，直接表现为对 COD 去除率的影响。图 3.12 为不同黏度水样对臭氧氧化、Fe/C 微电解处理及活性炭吸附三种工艺 COD 去除率的影响。通过对不同黏度水样进行系列实验发现，黏度越高，

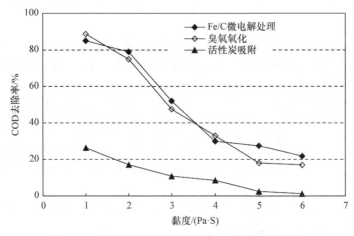

图 3.12　水样黏度对三种工艺 COD 去除率的影响

上述三种处理工艺的处理效果越低。石油压裂废水的初始黏度对后续处理工艺的影响显而易见，所以对于黏度较高的压裂废水，尤其是初期压裂返排液和酸化压裂液，应当首先进行降黏破胶处理(金鹏康等，2010；赵凯，2010)。

2. 破胶剂的选择与破胶时间的确定

针对压裂废水中含有的致黏成分，筛选了五种药剂进行比对实验。药剂的筛选主要考虑因素有以下几点。

(1) 氧化剂。选取了过氧化氢、次氯酸钠进行比对实验。由于压裂返排液中含有大量的胍胶，氧化剂可以使胍胶中的高分子有机物裂解为小分子有机物，通过破坏其分子结构达到分解降黏的目的。

(2) pH 调整剂。由于酸化压裂液酸度极高，考虑到经济和操作流程等因素，在调整其酸碱度的同时进行破胶，可以减轻后续处理工艺的负荷，为高效、低耗的处理提供条件。

(3) 胶联破坏剂。针对压裂返排液和酸化压裂液中含有的稠化剂、交联剂、缓冲剂、黏土稳定剂、杀菌剂、助排剂、缓蚀剂、铁离子稳定剂、胶凝剂、黏土膨胀剂、渗透剂等成分，选取了过硫酸钾和过硫酸铵两种药剂进行实验。经过查询资料发现，这两种药剂在破坏各种稳定剂、交联剂、胶凝剂等成分的结构，从而破坏胍胶整体黏度的过程中，效率很高。

1) 破胶的影响

针对油气田酸化压裂废水水样(黏度 $8.7×10^{-3}Pa·s$)，在不同 pH 条件下进行破胶实验，pH 调整剂为 H_2SO_4 和 NaOH。经过调整 pH，静置 1h 后测水样黏度，结果见图 3.13、图 3.14。从图 3.13 可以看出，随着水样 pH 的逐渐增大，其黏度随之降低。pH 达到 12 时，黏度降至最低，为 $5.1×10^{-3}Pa·s$。但是随着 pH 增加，黏

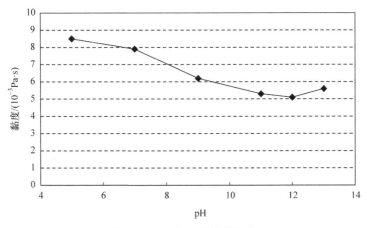

图 3.13　pH 与黏度关系曲线

度又有所升高，所以确定反应最佳 pH 为 12。通过分析，破胶后色度有所升高，主要是因为有机物分子变性。研究证明，这种色度对后续处理无影响。

图 3.14　水样破胶前后对比(pH=12)

(a) 破胶前；(b) 破胶后

2) 最佳投加量确定

(1) 过氧化氢。将水样 pH 调整为 12，过氧化氢投加量为 0.5g/L、1g/L、2g/L、3g/L、4g/L、5g/L 等数种情况下的破胶效果进行比对，结果如图 3.15 所示。对图 3.15 所示的数据进行分析可以得出，随着过氧化氢投加量的增加，水样的黏度随之降低，当过氧化氢投加量在 5g/L 时破胶效果最佳。因此，确定过氧化氢为降黏剂的投加量为 5g/L。但从反应过程来看，过氧化氢的投加量较大，完全破胶需要的药剂量较多，不符合经济性原则(赵凯，2010)；且破胶时间较长，破胶效率低。

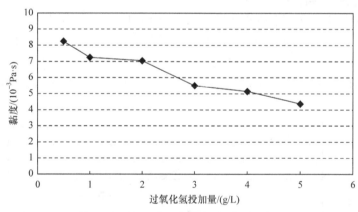

图 3.15　过氧化氢投加量与黏度关系曲线

(2) 次氯酸钠。在同样条件下，向水样中分别投加 0.5g/L、1g/L、2g/L、3g/L、4g/L、5g/L 次氯酸钠，考察次氯酸钠的降黏效果，结果如图 3.16 所示。对数据进行分析得出，随着次氯酸钠投加量的增加，水样的黏度随之降低，当次氯酸钠投加量在 5g/L，水样黏度降低为 $7.2 \times 10^{-3} Pa \cdot s$。经过长时间的破胶沉淀后，破胶效果仍然不明显，破胶效率低。

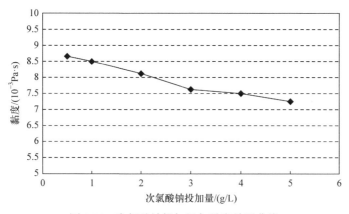

图 3.16　次氯酸钠投加量与黏度关系曲线

(3) 氢氧化钙。由于氢氧化钙具有碱性，之前无须调整水样 pH，直接加入药剂进行观察即可，结果如图 3.17 所示。由于氢氧化钙本身具有碱性，加入水样充分混合后可观察到酸碱中和的强烈反应。经分析得出，随着氢氧化钙投加量的增加，水样的黏度也随之下降，但是氢氧化钙和水样中胍胶成分进行反应可能生成新的高分子聚合物，使得氢氧化钙投加量超过 4g/L 后的水样黏度又开始升高。这种情况对之前考虑的用碱性物质调整 pH 的同时进行破胶降黏的构思进行了验证，结果证明，用碱性盐类同时进行上述两个步骤，技术还不成熟，有待于进一步研究。

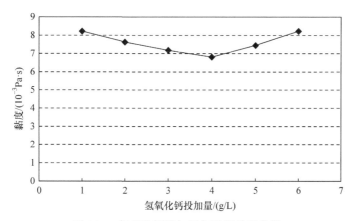

图 3.17　氢氧化钙投加量与黏度关系曲线

(4) 过硫酸钾。将 pH 调整到 12 时加入过硫酸钾，充分混合后静置 2h，分析水中黏度，结果如图 3.18 所示。由图 3.18 可以看出，当过硫酸钾投加量为 5g/L，静置 2h 后破胶效果最佳。由于过硫酸钾中的过硫酸根与压裂返排液中的有机物充分反应，胍胶中各种高分子有机物结构被破坏，从而降解为小分子有机物，甚至可能被分解为无机物，使得破胶过程顺利进行。

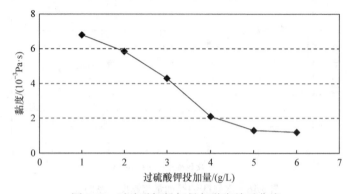

图 3.18　过硫酸钾投加量与黏度关系曲线

(5) 过硫酸铵。同样，对过硫酸铵投加量为 1g/L、2g/L、3g/L、4g/L、5g/L、6g/L 等情况下的破胶效果进行比对，结果如图 3.19 所示。图 3.19 的结果表明，随着过硫酸铵投加量的增加，水样的黏度相应降低，当过硫酸铵投加量为 6g/L 时，充分混合后经过 2h 静置，水样的黏度降为 $6.1 \times 10^{-3} Pa \cdot s$。这一结果说明药剂投加量过大，破胶效果不明显，而且短时间无法破胶，完全破胶所需时间较长。

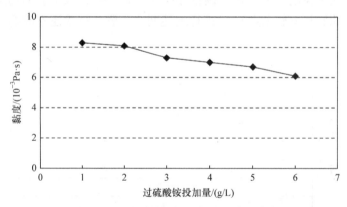

图 3.19　过硫酸铵投加量与黏度关系曲线

(6) 其他方式。除上述几种降黏方式以外，还进行了室外自然条件下降黏实验，利用室外光线中的紫外线照射，不添加任何破胶助剂。观察发现，在这种方式下破胶，所需周期很长，为 4~7d，且不能完全破胶。

综合以上实验分析，针对油气田常规压裂废水和气田酸化废水这两种油田压裂废水来说，具有强氧化性的破胶剂并不能在短时间内使其完全破胶，破胶效果较差；强碱性破胶剂的加入，虽然可以调整其 pH 至中性以上，能达到一定的破胶降黏效果，但是同时与废水中的各种复杂成分进行反应生成了其他高分子有机化合物，使得水样黏度进一步升高，导致破胶过程失败。过硫酸钾的加入使得破胶过程得以顺利进行，由于过硫酸根对水样中大分子有机物的降解作用，破胶过程得以迅速完成，破胶效果明显。破胶后上层水样清澈，虽然仍带有一定的色度，但是有机物浓度大大降低，通过 COD 指标的降低就可以体现出来(赵凯，2010)。

另外，pH 在整个破胶过程中起着重要的作用，经过反复验证，将 pH 调整至碱性，尤其是 pH=12 时，破胶效果最佳，这可能是因为胍胶中的有机成分在碱性条件下比较活跃，与破胶剂更充分的反应有关。

3.2.3　紫外线照射对臭氧催化氧化效果的影响

目前，高级氧化技术主要包括光化学氧化、催化湿式氧化、超临界水氧化、电化学氧化、声学化学氧化等技术(Jin et al.，2013)。其中，基于紫外光(UV)联用的光化学氧化技术在过去的几十年中得到了广泛的研究，包括紫外光/过氧化氢 (UV/H$_2$O$_2$)、紫外光/芬顿(UV/Fenton)、紫外光/过氧化氢/臭氧(UV/H$_2$O$_2$/O$_3$)、紫外光/硫酸盐(UV/SP)、紫外光/氯(UV/Cl)、紫外光/二氧化钛(UV/TiO$_2$)等 6 种基于紫外光联用的光化学氧化技术。

紫外光催化氧化法是一种将紫外光辐射和氧化剂结合使用的方法。在紫外光的激发下，氧化剂光分解产生氧化能力更强的自由基(如·OH)，从而可以氧化许多单用氧化剂无法分解的难降解有机污染物。紫外光和氧化剂的共同作用，使得光催化氧化无论在氧化能力还是反应速率上，都远远超过单独使用紫外光辐射或氧化剂所能达到的效果。紫外光催化氧化法是以催化剂作为紫外光的吸收剂，产生电子空穴对，诱发产生氧化活性基团。其特点是氧化在常温常压下即可进行，不产生二次污染，能使多数不能或难以降解的有机污染物完全氧化，且设备简单，催化剂可以回收重复使用(赵燕等，2005)。该技术具有较好的高效性与普适性。

在暗处和室温下，臭氧相当稳定，半衰期为 15h。当用 200～300nm 波长的紫外光照射时，它会很快分解，发生链反应，生成激发态氧分子。在水溶液中，紫外光照射可加速臭氧分解，产生羟基自由基，从而提高水中有机物的氧化速率。紫外光辐射除了可诱发羟基自由基的产生外，还能产生其他激发态物质和自由基，加速链反应，而这些激发态物质和自由基在单一的臭氧氧化过程中是不会产生的(赵燕等，2005)。

最常用的人工紫外光源是汞灯，紫外光辐射波长为 40～400nm，这个范围又可划分为三段：UV-A(>315nm)、UV-B(315～280nm)和 UV-C(<280nm)。在紫外光范围内，汞的谱线非常多。Hg 原子从最低激发态跃迁到基态产生一条 253.7nm 的共振线。汞灯的特征参数是汞的蒸气压。据此，可将汞灯分为低压汞灯(0.1～1Pa)和高压汞灯(>0.1MPa)。后者还可细分为中压汞灯(约 0.1MPa)和高压汞灯(约

10MPa)(赵燕等，2005)。

　　紫外光处理设备按照紫外灯与水是否接触分为浸入式与水面式，按照紫外灯排列形式分为平行式与垂直式。本次实验采用浸入式紫外光照射，对三种水样进行紫外光照射实验，实验装置如图 3.20 所示。三种典型水样的紫外光照射时间与 COD 关系曲线如图 3.21 所示。

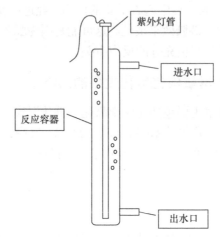

图 3.20　紫外光照射实验装置示意图

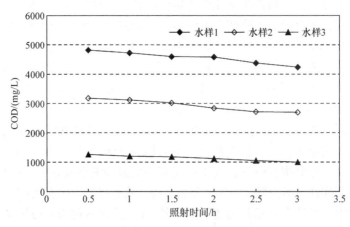

图 3.21　紫外光照射时间与 COD 关系曲线

　　由图 3.21 可知，随着紫外光照射时间的延长，有机物浓度也得到了一定程度的降低，在照射时间达到 3h 后，三种水样的 COD 去除率为 20%左右，可以看出紫外光照射法对于油田压裂废水的 COD 降低作用甚微。出现这种情况可能是因为油田压裂废水中含有的特殊成分(如胍胶、缓冲剂、交联剂等)对于紫外光照射有很好的抵御作用。其中含有的高分子有机成分在紫外光照射下无法被有效降解，导致紫外光照射法对水样中 COD 的去除效果有限。因此，单独使用紫外光氧化处理石油压裂废水尚存在一定的困难。

O₃/UV 法是光催化氧化法的一种，它以紫外光为能源，能使 O₃ 光解产生 H₂O₂，H₂O₂ 在紫外光照射下产生 ·OH(Elovitz et al.，2000)。图 3.22 为 UV/O₃ 法对三种典型压裂废水 COD 进行处理的效果。

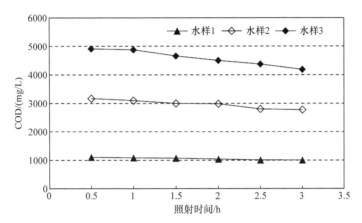

图 3.22　UV/O₃ 法对三种典型压裂废水 COD 进行处理的效果

3.2.4　混凝处理对臭氧催化氧化效果的影响

混凝是指通过某种方法(如投加化学药剂)使水中胶体粒子和微小悬浮物聚集的过程，是水和废水处理工艺中的一种单元操作。凝聚和絮凝总称为混凝(金鑫，2016)。能起凝聚与絮凝作用的药剂统称为混凝剂。混凝剂对水中胶体粒子的混凝作用机理有四种。

(1) 双电层压缩机理。当向溶液中投加电解质，使溶液中离子浓度增高，则扩散层的厚度将减小。当两个胶粒互相接近时，由于扩散层厚度减小，ζ 电位降低，胶粒互相排斥的力就减小了，它们得以迅速凝聚。

(2) 吸附电中和作用机理。吸附电中和作用指胶粒表面对带异号电荷的部分有强烈的吸附作用，这种吸附作用中和了它的部分电荷，减少了静电斥力，因此胶粒容易与其他颗粒接近而互相吸附。

(3) 吸附架桥作用机理。吸附架桥作用主要是指高分子物质与胶粒相互吸附，但胶粒与胶粒本身并不直接接触，而使胶粒凝聚为大的絮凝体。

(4) 网捕机理。当金属盐或金属氧化物和氢氧化物作混凝剂，投加量大得足以迅速形成金属氧化物或金属碳酸盐沉淀物时，水中的胶粒可被这些沉淀物在形成时所网捕(刘斌，2008)。当沉淀物带正电荷时，沉淀速度可因溶液中存在阳离子而加快。此外，水中胶粒本身可作为这些金属氢氧化物沉淀物形成的核心，因此混凝剂最佳投加量与被除去物质的浓度成反比，即胶粒越多，金属混凝剂投加量越少。

混凝剂种类很多，目前所知，不少于 300 种，按化学成分可将其分为无机混凝剂和有机混凝剂两大类。无机混凝剂品种较少，目前主要是铁盐和铝盐及其聚合物，在水处理中使用最多；有机混凝剂品种很多，主要是高分子物质，但在水处理中的应用比无机混凝剂少(赵凯，2010)。

常用的混凝剂主要有以下几种：硫酸铝、聚合铝、三氯化铁、硫酸亚铁、聚合铁和聚丙烯酰胺等。

硫酸铝有固、液两种形态，我国常用的是固态硫酸铝。采用固态硫酸铝的优点是运输方便，但制造过程多了浓缩和结晶工序。如果水厂附近就有硫酸铝制造厂，最好采用液态硫酸铝，这样可节约一定的费用。硫酸铝使用方便，但水温低时，硫酸铝水解较困难，形成的絮凝体比较松散，混凝效果不及铁盐混凝剂(赵凯，2010)。

聚合铝包括聚合氯化铝(polyaluminum chloride，PAC)和聚合硫酸铝(polyaluminium sulfate，PAS)等。目前使用最多的是 PAC，我国也是研制 PAC 较早的国家之一。20 世纪 70 年代，PAC 得到广泛的应用。聚合氯化铝是以铝灰或含铝矿物作为原料，采用酸溶法或碱溶法加工而成。由于原料和生产工艺不同，产品规格也不尽相同。聚合硫酸铝也是聚合铝混凝剂之一。聚合硫酸铝中的 SO_4^{2-} 具有类似羟桥的作用，可以把简单铝盐水解产物桥联起来，促进了铝的水解聚合反应。不过，聚合硫酸铝目前尚未广泛应用。

三氯化铁($FeCl_3$)是铁盐混凝剂中最常用的一种。三氯化铁溶于水后，和铝盐相似，其混凝机理也与硫酸铝相似，但混凝特性与硫酸铝略有区别。一般，Fe^{3+} 适用的 pH 范围较宽，形成的絮凝体比铝盐絮凝体密实，处理低温或低浊水的效果优于硫酸铝，但三氯化铁腐蚀性较强，且固体产品易吸水潮解，不易保管。

硫酸亚铁($FeSO_4$)固体产品为半透明绿色结晶体，俗称绿矾。硫酸亚铁在水中离解出的是 Fe^{2+}，水解产物只是单核配合物，故不具 Fe^{3+} 的优良混凝效果。同时，Fe^{2+} 会使处理后的水带颜色，特别是当 Fe^{2+} 与水中有色胶体作用后，将生成颜色更深的溶解物。因此，采用硫酸亚铁作混凝剂时，应将 Fe^{2+} 氧化成 Fe^{3+}，氧化方法有氯化、曝气等。

聚合铁包括聚合硫酸铁(polyferric sulfate，PFS)与聚合氯化铁(polymerization ferric chloride，PFC)，聚合氯化铁目前尚在研究之中，聚合硫酸铁已投入使用。聚合硫酸铁是碱式硫酸铁的聚合物，其具有优良的混凝效果，且腐蚀性远比三氯化铁小(刘斌，2008)。

聚丙烯酰胺(poly acrylamide，PAM)的聚合度高达 90000，相应的分子量高达600 万。它的混凝效果在于对胶体表面具有强烈的吸附作用，在胶粒之间形成桥联。聚丙烯酰胺每一链节中均含有一个酰胺基。由于酰胺基之间的氢键作用，线性分子往往不能充分伸展开来，致使桥架作用削弱。为此，通常将 PAM 在碱性条件下(pH>10)进行部分水解，生成阴离子型水解聚合物(anionic hydrolyzed polymer，HPAM)。通常，以 HPAM 为助凝剂配合铝盐或铁盐作用，混凝效果显著(赵凯，2010)。

本小节中介绍以 PAC 为混凝剂，对石油压裂废水进行预处理，考察对不同典型废水的处理情况。

将混凝作为臭氧催化氧化预处理工艺，考察三种典型废水 COD 的去除情况，结果如图 3.23 所示。从结果可以看出，混凝预处理对臭氧催化氧化有一定的促进作用，但对于本次选择的几种水样，都不能将其 COD 降低到 150mg/L 的控制要求范围内。

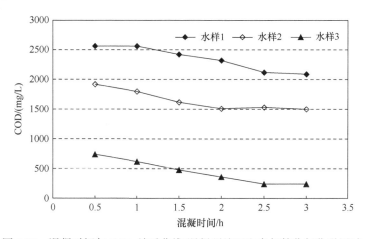

图 3.23　混凝时间与 COD 关系曲线(混凝预处理和臭氧催化氧化联用时)

3.2.5　吸附处理对臭氧催化氧化效果的影响

吸附法就是利用多孔性的固体物质，使废水中的一种或多种物质吸附在固体表面而使其被去除的方法。具有吸附能力的多孔性固体物质称为吸附剂，废水中被吸附的物质则称为吸附质。根据固体表面吸附力的不同，吸附可分为物理吸附和化学吸附两种类型(殷玉荣，2014)。

吸附剂和吸附质之间通过分子间力产生的吸附称为物理吸附。物理吸附是一种常见的吸附现象。物理吸附不发生化学作用，低温时就可以进行。化学吸附是吸附剂和吸附质之间发生化学作用，是由化学键引起的。化学吸附一般在较高温度下进行，吸附热较大，相当于化学反应热。一般，化学吸附只能对某种或几种吸附质发生化学吸附，因此化学吸附具有选择性。物理吸附和化学吸附并不是孤立的，往往相伴发生。在水处理中，大部分吸附是两种吸附综合作用的结果。由于吸附质、吸附剂及其他因素的影响，可能某种吸附是主要的，如有的吸附在低温时主要发生物理吸附，在高温时主要发生化学吸附(赵凯，2010)。

废水处理中常用的吸附剂有活性炭、磺化煤、活化煤、沸石、活性白土、硅藻土、腐殖质酸、焦炭、木炭和木屑等。

影响吸附的因素主要有吸附剂、吸附质的性质和吸附过程的操作条件等。另外，废水的 pH、吸附时的温度、吸附时间和吸附质浓度等因素也对吸附效果有着重要影响。

考虑到石油压裂废水的性质特点，综合以往研究人员对吸附法处理废水过程中吸附剂的使用情况，本次实验采用活性炭与有机吸附树脂来进行。

降黏预处理后的水样通过活性炭和有机吸附树脂来去除剩余 COD，随后进行臭氧催化氧化处理(催化剂为 MnO_2)，结果如图 3.24 和图 3.25 所示。由于水样 3 经过臭氧催化氧化后即能达标，仅对水样 1 和水样 2 采用上述工艺处理。

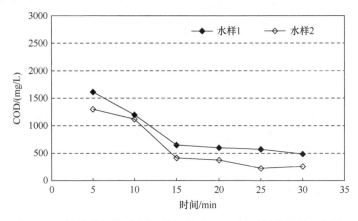

图 3.24　活性炭吸附/臭氧催化氧化时 COD 随时间变化关系曲线

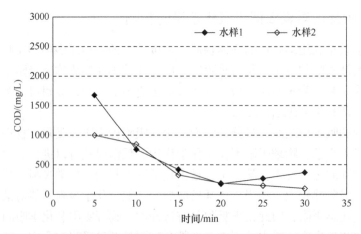

图 3.25　有机吸附树脂吸附/臭氧催化氧化时 COD 随时间变化关系曲线

如图 3.24 和图 3.25 所示，无论哪种水样，有机吸附树脂吸附均较活性炭吸附效果好。但是，在这种情况下，由于水样 1 和水样 2 的复杂性和处理的困难性，依然很难使其达标。水样 2 通过延长吸附时间来增加吸附容量的条件下可以满足达标排放的要求。

3.3　油气田废水铁碳微电解氧化

3.3.1　铁碳微电解的反应原理

铁碳微电解反应利用了非金属材料和过渡金属之间的电极电位差，会在废水中形成无数个微原电池，这些微原电池以电位低的过渡金属为阴极，电位高的金属为阳极，调整溶液 pH，利用水中的电解质离子的导电性能，在水溶液中发生电化学反应，从而形成电流，用以降解有机物，同时有絮凝、吸附、架桥、卷扫、共沉、电沉积、电化学氧化还原等多种作用(李灵星等，2017)。微电解主要作用机理见图 3.26。

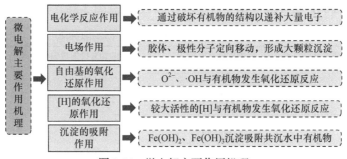

图 3.26　微电解主要作用机理

3.3.2　铁碳形态及比例的确定

取 500mL 水样于 1000mL 烧杯中，因原水 pH=7±0.1，考虑电化学反应条件，需要加入 HCl 将 pH 调至 4，分别投加不同形状及不同比例的铁、碳，然后在各加入 30%H_2O_2 1.0mL 后同时充分混合反应 1h，沉降 0.5h 后，取上清液，用 0.45μm 滤膜过滤测色度与 COD，具体投加量见表 3.1，实验结果见图 3.27。

表 3.1　不同编号实验条件(铁、碳形态)的确定

编号	铁、碳形态	铁碳质量比/(g：g)	30% H_2O_2 投加量/mL	反应前 pH
1	铁片，片状活性炭	25：50	1.0	4.0
2	铁片，粒状颗粒活性炭	25：50	1.0	4.0
3	铁粉，片状活性炭	25：50	1.0	4.0
4	铁粉，粒状活性炭	25：50	1.0	4.0

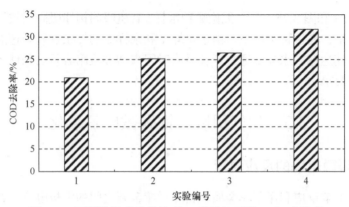

图 3.27　不同编号实验条件(铁、碳形态)下的 COD 去除率

由图 3.27 可以看出,实验 4 即投加铁粉与粒状活性炭时 COD 的去除效果最好,处理后水样 COD 去除率达到 31.73%,所以应选择铁粉与粒状活性炭作为铁碳微电解反应的原材料(联系实际应用,粉状活性炭不予考虑)。

在确定铁、碳的形态之后,需要通过对比实验以选出最佳铁碳质量比,使处理效果达到最优,具体投加量见表 3.2,结果分析见图 3.28。

表 3.2　不同编号实验条件(铁碳质量比)的确定

编号	铁碳质量比/(g : g)	铁碳质量比*/(g : g)	30%H_2O_2 投加量/mL	反应前 pH
1	1 : 2	25 : 50	1.0	4.0
2	1 : 1	50 : 50	1.0	4.0
3	2 : 1	50 : 25	1.0	4.0
4	1 : 1	30 : 30	1.0	4.0
5	1 : 1	40 : 40	1.0	4.0
6	1 : 1	60 : 60	1.0	4.0

注:*表示铁碳实际投加量之比。

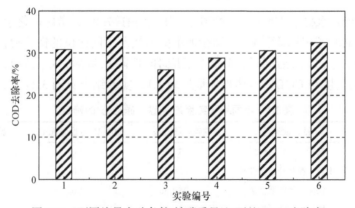

图 3.28　不同编号实验条件(铁碳质量比)下的 COD 去除率

由图 3.28 可以看出,实验 2 对 COD 的处理效果最优,实验 2 的铁碳质量比为 1:1,当铁碳质量比同为 1:1 时(实验 4、实验 5 和实验 6),随着铁碳投加量的增加,COD 去除率逐渐增大,当铁碳投加量各为 50g 时,处理效果远优于其他情况,且继续增大投加量至 60g 时,COD 去除率反而下降,故确定最优铁碳投加量为 50g:50g。

3.3.3　铁碳微电解反应最佳 pH 的确定

基于上述工作,已经确定铁碳投加量各为 50g 时效果最佳,现分别取 500mL 水样加入 6 个 1000mL 烧杯中,然后向 6 个烧杯中分别加入不同量的 HCl,将 pH 分别调至 2、3、4、4.5、5、5.5;再加入 30%H_2O_2 1.0mL 后同时充分混合反应 1h,沉降 30min 后,取上清液,加入 NaOH 调节 pH 至 8 进行混凝,PAC 投加量为 3mL(浓度为 200mg/L),PAM 投加量 0.5mL(浓度为 3mg/L),沉淀后取上清液,用 0.45μm 滤膜过滤并测 COD,具体条件见表 3.3,对处理后水样进行 COD 去除率对比分析,结果见图 3.29。

表 3.3　铁碳反应最佳 pH 的确定

编号	铁碳质量比/(g:g)	30%H_2O_2投加量/mL	反应前 pH	反应时间/h	反应后 pH	混凝剂投加量/mL
1	50:50	1.0	2.0	1.0	8.0	PAC:3.0 PAM:0.5
2	50:50	1.0	3.0	1.0	8.0	PAC:3.0 PAM:0.5
3	50:50	1.0	4.0	1.0	8.0	PAC:3.0 PAM:0.5
4	50:50	1.0	4.5	1.0	8.0	PAC:3.0 PAM:0.5
5	50:50	1.0	5.0	1.0	8.0	PAC:3.0 PAM:0.5
6	50:50	1.0	5.5	1.0	8.0	PAC:3.0 PAM:0.5

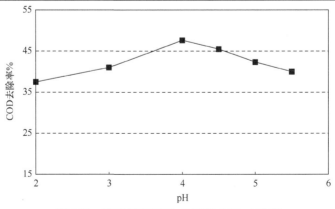

图 3.29　铁碳反应不同 pH 下的 COD 去除率

　　由图 3.29 可以看出，随着 pH 的增大，水样的 COD 处理效果逐渐变好，当 pH 为 4 时处理效果最佳，COD 去除率达到 47.63%；但当 pH 为 5 时，处理效果反而降为 42.36%，因此确定铁碳反应最佳 pH 为 4。

3.3.4　铁碳微电解反应最佳时间的确定

　　为了使处理效果达到最佳，需要研究铁碳反应的最适宜时间，步骤同前，具体条件见表 3.4，实验结果见图 3.30。

表 3.4　铁碳反应最佳时间的确定

编号	铁碳质量比/(g∶g)	30%H$_2$O$_2$投加量/mL	反应前 pH	反应时间/h	反应后 pH	混凝剂投加量/mL
1	50∶50	1.5	4.0	0	8.0	PAC: 3.0 PAM: 0.5
2	50∶50	1.5	4.0	0.5	8.0	PAC: 3.0 PAM: 0.5
3	50∶50	1.5	4.0	1	8.0	PAC: 3.0 PAM: 0.5
4	50∶50	1.5	4.0	1.5	8.0	PAC: 3.0 PAM: 0.5
5	50∶50	1.5	4.0	2	8.0	PAC: 3.0 PAM: 0.5
6	50∶50	1.5	4.0	2.5	8.0	PAC: 3.0 PAM: 0.5

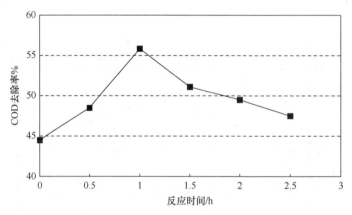

图 3.30　铁碳反应不同时间下的 COD 去除率

　　由图 3.30 可以看出，随着反应时间的延长，废水处理效果逐渐变好，当反应时间为 1h 时，COD 去除率达到 55.83%，且之后若继续增加反应时间，处理效果反而变差，所以得出最佳的反应时间为 1h。

3.3.5 混凝处理技术研究

铁碳改性后混凝工艺的处理效果显著提高，考察 PAC 投加量对 COD、SS 及色度等指标去除率的影响。实验方法：分别取曝气沉淀后的水样上清液 300mL，调节 pH 至 9，加入 500mL 烧杯中，放在六联搅拌机上，搅拌条件如下所示。

(1) 快速搅拌 3min，转速为 300r/min，开始时加入絮凝剂，剩余 15s 时加入助凝剂。

(2) 慢速搅拌 15min，转速为 80r/min；静置沉淀 30min，观察现象，记录数据。

实验现象：快速搅拌时产生许多细小的絮凝体，在剩余 15s 加入助凝剂后，进入慢速搅拌阶段，该阶段絮凝体逐渐变大，沉降性能增强；搅拌结束后静置 0.5h，上清液色度明显降低，当 PAC 投加量为 5mL 时，肉眼清晰可辨絮凝体形态最好，上清液透明度更高。具体实验 PAC 投加量的确定见表 3.5，实验结果如图 3.31 所示，由图 3.31 可得出 PAC 最佳投加量为 5mL，对应 COD 去除率、SS 去除率、色度去除率分别为 78.7%、90.5%、90.4%。

表 3.5 PAC 投加量的确定

编号	铁碳质量比/(g∶g)	30%H_2O_2投加量/mL	反应前 pH	反应时间/h	反应后 pH	混凝剂投加量/mL
1	50∶50	1.0	4.0	1.0	9.0	PAC：3.0 PAM：0.5
2	50∶50	1.0	4.0	1.0	9.0	PAC：4.0 PAM：0.5
3	50∶50	1.0	4.0	1.0	9.0	PAC：5.0 PAM：0.5
4	50∶50	1.0	4.0	1.0	9.0	PAC：6.0 PAM：0.5
5	50∶50	1.0	4.0	1.0	9.0	PAC：7.0 PAM：0.5
6	50∶50	1.0	4.0	1.0	9.0	PAC：8.0 PAM：0.5

由图 3.32 可以看出，助凝剂 PAM 的最佳投加量为 2mL，此时 COD 去除率可达到 95.87%。铁碳改性之后较常规混凝情况下有机物去除率有了显著提高。

实验证明，铁碳微电解反应具有高活性的活性氢、羟基自由基及超氧根离子，能将羰基等不饱和共轭官能团转变为羧基类有机物，将有机物官能团调整，改善废液混凝性能。铁碳微电解反应也是有机物改性的可行技术之一。

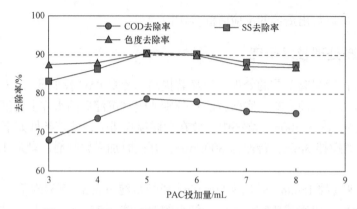

图 3.31　不同 PAC 投加量下 COD、SS、色度的去除率

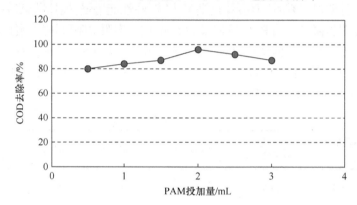

图 3.32　不同 PAM 投加量下的 COD 去除率

参 考 文 献

金鹏康, 赵凯, 周立辉, 等, 2010. 水基常规体系油田压裂废水的臭氧催化氧化处理特性研究[C]. 第十届全国水处
　　理化学大会暨海峡两岸水处理化学研讨会, 哈尔滨: 125.

金鑫, 2016. 臭氧混凝互促增效机制及其在污水深度处理中的应用[D]. 西安: 西安建筑科技大学.

李灵星, 陈际达, 廖敏会, 等, 2017. 铁碳微电解技术应用与研究[J]. 环境科学与管理, 42(5): 98-101.

李妍, 2020. 臭氧催化氧化法在污水处理中的应用研究进展[J]. 中国资源综合利用, 38(12): 122-124.

梁竞文, 金鑫, 姚卓迪, 等, 2021. 油气田压裂废液的臭氧气浮深度处理与资源化利用特性[J]. 给水排水, 57(5):
　　78-85.

刘斌, 2008. 混凝–好氧–微电解–好氧组合工艺处理淀粉的试验研究[D]. 哈尔滨: 哈尔滨工业大学.

刘岚, 2010. 石油压裂废水的催化臭氧化特性研究[D]. 西安: 西安建筑科技大学.

牟善波, 张士诚, 曹砚锋, 等, 2009. 气体对阴离子表活剂压裂液破胶实验研究[J]. 科学技术与工程, 9(20):
　　6156-6158.

殷玉蓉, 2014.混凝沉淀+砂滤/活性炭工艺深度处理污水厂尾水的研究[D]. 合肥: 安徽建筑大学.

游洋洋, 卢学强, 许丹宇, 等, 2014. 多相催化臭氧化水处理技术研究进展[J]. 环境工程, 32(1): 37-41, 54.

张玉芬, 孙健, 2006. Fenton 试剂处理压裂废液氧化降粘研究[J]. 石油与天然气化工, 6: 493-495, 420.

赵凯, 2010. 石油压裂废水臭氧催化氧化工艺研究[D]. 西安: 西安建筑科技大学.

赵燕, 周娜, 谢振伟, 等, 2005, 紫外光催化氧化在环境水质分析中的应用[J].化学通报, 11: 856-862.

AUDENAERT W T, VANDIERENDONCK D, VAN HULLE S W, et al., 2013. Comparison of ozone and ·HO induced conversion of effluent organic matter (EfOM) using ozonation and UV/H$_2$O$_2$ treatment[J]. Water Research, 47(7): 2387-2398.

ELOVITZ M S, VON GUNTEN U, KAISER HP. 2000. Hydroxyl radical/ozone ratios during ozonation processes. Ⅱ. The effect of temperature, pH, alkalinity, and DOM properties[J]. Ozone Science and Engineering, 22: 123-150.

JIN P K, JIN X, WANG X C, et al., 2013. Effect of ozonation and hydrogen peroxide oxidation on the structure of humic acids and their removal[J]. Advanced Materials Research, 610-613:1256-1259.

第 4 章　固液分离强化技术

4.1　旋流造粒混凝理论体系

4.1.1　絮凝体的随机形成过程及构造特征

1. 絮凝体的随机形成过程

通常，混凝被用于去除水中的胶体态或悬浮态物质及有机物，混凝剂的投加使得该类物质首先脱稳或与混凝剂络合形成初始微絮体，进而在高分子助凝剂及适当的水力搅拌条件下相互聚集，从而形成较大的矾花(flocs)，然后再通过沉淀、过滤等使得该部分物质从水中去除(王晓昌等，2015)。

在上述混凝过程中，较大絮凝体的形成可分为两个阶段：微絮体的形成阶段及微絮体进一步成长为较大矾花的阶段，而相互碰撞并且能够有效碰撞则是絮凝体形成过程中不可或缺的决定性因素。其中，微絮体是由脱稳粒子(初级颗粒)相互碰撞形成，该过程中，由于脱稳粒子粒径较小，以其在水中的热运动即布朗运动作为主要的碰撞推动力，此类凝聚也称异向絮凝。在絮凝体的成长阶段，微絮体粒径相对较大，此时的碰撞则以水力搅拌下的流体运动作为主要的碰撞推动力，促使微絮体相互碰撞进而生长，此类凝聚又称同向絮凝。可见，碰撞过程是絮凝体得以形成及生长的重要推动力，但由于碰撞过程中，碰撞方向的随机性、碰撞有效率的不确定性、碰撞主体的复杂性和不固定性，此类碰撞具有极大的随机性，其生成的絮凝体也属于随机的，故对常规絮凝过程而言，生成的絮凝体属于随机型絮凝体(random floc)(张瑶瑶，2015)。

2. 絮凝体的构造特征

絮凝体的构造特征，顾名思义，即对絮凝体的随机型构造进行深入研究并进行的数学表征。本小节从絮凝体的形态出发，以絮凝体的分形特性为主要理论支撑，从粒径分布、自由沉降速度(简称"沉速")、有效密度及空隙率等角度对絮凝体的构造加以全面、准确地描述，这对强化混凝过程、改善絮凝体构造及提高后期固液分离效果等方面具有重要的指导意义。一般来说，要对絮凝体构造特征进行探讨，先从絮凝体的分形特性谈起(张瑶瑶，2015)。

1) 分形理论及其在絮凝体形态学研究中的引入

絮凝体的生长作为一种随机碰撞的结果，即使同一时刻混凝所形成的絮凝体也不尽相同，其形态结构各异，且有别于常规的欧式几何体构造，是一类不规则的、具有明显分形特性的物体。大量研究表明，常规混凝条件下的絮凝体密度会随粒径的增大呈现减小的趋势，这也在一定程度上表明了絮凝体的构造具有分形特征，而这种分形构造源于具有一定粒径的初始颗粒相互碰撞结合过程的随机性和自我相似性。可见，絮凝体的随机碰撞形成过程导致了絮凝体具有极为明显的分形特征，且该特征是絮凝体最重要的特性(王晓昌等，2000a)。

但是，在混凝研究初期，絮凝体仅被简化为普通的几何球体，其内部结构的不规则性被忽略，这在一定程度上使得研究结果与实际情况存在较大出入。1975 年，法国科学家曼德尔布罗特(Mandelbrot)首次提出"分形理论"后，该理论即被广泛用于描述自然界中常见的、不规则的一类现象及物体，自我相似性及标度不变性是其重要特性。分形理论自提出以来，成为揭示自然界中非线性过程内在随机性的重要科学分支，重点研究非线性系统中有序与无序的统一、确定性与随机性的统一。混凝过程具有纷繁的复杂性及众多连续发生的重要过程与现象中所具有的混沌性(chaotic character)，这一过程中絮凝体形成的随机性、不规则性则是早期阻碍人们对混凝深入研究的重要障碍，分形理论恰好为该领域的研究提出了独特的思路，特别是为絮凝体构造的研究开辟了一条崭新的途径。

2) 絮凝体的分形理论

一般，对于颗粒物聚集体而言，其分形特性(质量分形)可采用式(4.1)表示：

$$M(R) \propto R^{D_f} \tag{4.1}$$

式中，M——聚集体质量；

R——聚集体粒径；

D_f——分形维数，指该聚集体分形特性的参数。

然而，实际应用中对絮凝体分形特性的表征并不局限于式(4.1)，而多采用絮凝体相关特性与其特征长度的函数关系表示不同维度下絮凝体的分形特性，其中包括 $P \propto L^{D_1}$、$A \propto L^{D_2}$、$\rho \propto L^{-K_p}$、$(1-\varepsilon) \propto L^{D_3-3}$ 等。其中，D_n 表示絮凝体的 n 维分形维数(n 取 1、2、3)，P、A、ρ、ε 分别表示絮凝体的周长、投影面积、密度及空隙率。值得指出的是，与欧式几何中不同维度下其维数仅为整数(1、2、3)相比，絮凝体的分形维数通常小于相应维度下的维数，且取值多为小数或分数，而非整数，以絮凝体的三维分形维数为例，其值通常为小于 3 的小数。

分形理论在 20 世纪 80 年代被引入絮凝体形态学的研究中，以此为基础，国内外学者对絮凝体的构造特性进行了大量研究，研究多涉及以絮凝体分形维数、有效密度、粒径分布、空隙率、沉降速度等表征絮凝体构造的特征参数为指标，探讨混凝过程中不同的化学条件、混凝剂、水力条件等对絮凝体构造特征的影响，从而达到优化混凝过程、改善絮凝体构造、强化固液分离的目的(张瑶瑶，2015)。

　　本节选取以往关于有机及无机悬浊体系的大量混凝实验研究结果并进行整理，按照絮凝体的平均粒径、沉速、二维分形维数及三维分形维数归类分析，得到如图4.1所示的有机/无机絮凝体的形态特征对比。

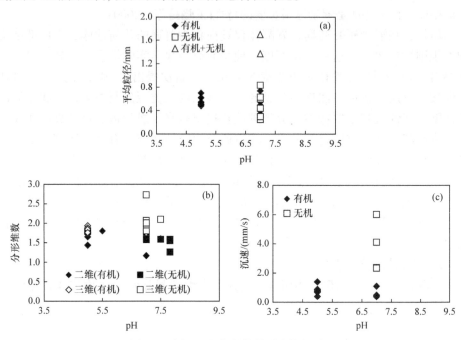

图 4.1　有机/无机絮凝体的形态特征对比
(a) 平均粒径图; (b) 分形维数图; (c) 沉速图

　　综合图4.1中的絮凝体各特性参数分布可知，不同体系在不同pH条件下形成的絮凝体结构差异非常显著，且有机絮凝体的分形维数、沉速均在不同程度下低于无机悬浊质。综合二者的特征参数，不难看出，常规混凝条件下形成的随机型絮凝体，其平均粒径较小、沉速较低，导致絮凝体在后续固液分离过程中不易沉降，易于穿透后续过滤的滤层，引起处理水质恶化，且泥渣脱水困难。如何改善絮凝体密度，使絮凝体易于沉降，对整个混凝处理效率的提高具有极为重要的意义。

4.1.2　絮凝体密度的改善模式

　　一般情况下，絮凝体被认为由两部分组成，一部分为固体部分，另一部分为污泥中的液体部分。若以ρ_s代表前者密度，以ρ_w代表后者密度，则絮凝体的有效密度可表示为$\rho_e=\rho_s-\rho_w$。ρ_e表示絮凝体在水中的密度，是影响絮凝体沉降性能的重要因素。

在絮凝体构造与密度关系的研究过程中，国内外学者先后在理论研究及实验研究层面均取得了一系列研究成果。首先，在理论研究层面，Vold 在 1963 年提出著名的弹射凝聚 (ballistic aggregation) 模型，从而揭开了该领域的研究序幕。此后，Sutherland 在该模型的基础上，考虑含不同颗粒数的集团-集团碰撞凝聚作用，从而提出了集团凝聚 (cluster aggregation) 模型，使得这一理论更适合絮凝体的实际生长过程。其次，在实验研究方面，Tambo 等(1979)通过测定絮凝体在静水中的自由沉速及粒径等得出絮凝体密度与粒径存在函数关系式：$\rho_e = a \cdot d_p^{-K_P}$，其中系数 a 和 K_P 为与铝离子投量/浊度(ALT 比)有关的常数。该研究得出结论：絮凝体的有效密度随着其粒径的增大呈现下降的趋势，这是絮凝体的随机碰撞结合模式造成的。

结合絮凝体的分形理论及絮凝体密度与其特征尺度之间的关系，可得絮凝体的分形维数 $D_f=3-K_P$，结合式(4.2)絮凝体的分形维数 $P \propto L^{D_f}$ 可表示为

$$D_f = 3 + 3\ln(1-\varepsilon) / \ln[m / (1-\varepsilon)] \tag{4.2}$$

王晓昌等(2000a)在代入不同的 m(参与结合的低一级微粒个数)及 ε 后分析得出，要使絮凝体的有效密度增大(增大 D_f 值)，存在两种途径，即降低 ε 或提高 m，从而使得絮凝体由松散转为密实化。

1. 降低 ε ——絮凝体的机械脱水收缩模式

脱水收缩模式即絮凝体在每一步生长过程中的高次空隙水(颗粒集团-集团间的空隙水)通过机械搅拌使絮凝体相互碰撞，从而被挤压出去，以达到减小絮凝体总空隙率、提高絮凝体密度的作用。这一作用的极限是高次空隙不复存在，絮凝体中的空隙部分仅为初级颗粒之间不可能排除掉的空隙，按前面描述的分步成长絮凝体模型，就是一级集团的空隙率 ε_1 所表示的那部分空隙。达到这一极限状态的实质是收缩前的随机型絮凝体中的初级颗粒重新组合，因此，这种操作模式又称作重组(restructuring)(张瑶瑶，2015)。

2. 提高 m ——逐一附着模式

逐一附着模式的要点在于使得生成一级集团的初始微粒个数 m 足够多，絮凝体的粒径已足够大，在这种情况下，已形成的絮凝体不再作为微小集团，进一步碰撞黏结形成更高一级的集团。此时，絮凝体的生长仅停留在一级集团阶段，其内部的空隙率仅为初级颗粒间的微小空隙(microporosity)，其空隙率仅为 ε_1，而不必再经过上述絮凝体进一步生长并逐步脱水收缩的过程。此后，絮凝体的生长可依靠初始微粒在该既定一级集团上的逐一附着，从而达到絮凝体密实化的目的，

故该模式称为逐一附着 (one-by-one attachment) 模式(张瑶瑶，2015)。

4.1.3　造粒混凝的理论基础及技术原理

依据上述模式研发了两种改善絮凝体密度的典型技术，旨在形成密实化的絮凝体，该类絮凝体通常可呈现出良好的类球状(pellet)，且密度较常规絮凝体高出至少一个数量级，极易沉降，该类技术即造粒混凝技术。现分别就两种模式的代表性造粒混凝技术进行简要介绍。

1. 延时搅拌造粒技术

该技术的原理：首先通过强剪切力将初始微粒破碎为足够小的粒子，然后进行混凝过程。混凝过程中要形成良好的密实化絮凝体，其要点有二，一是适当投加高分子助凝剂，目的在于使絮凝体在水力剪切的作用下仍旧保持相互黏结的状态而不致破碎；二是合适的水力搅拌条件，其作用在于使絮凝体相互碰撞，将其内部的高次空隙水挤压出来，从而达到使絮凝体不断脱水重组并密实化。实验表明，该过程通常需要较长的搅拌时间才可使形成的絮凝体足够密实，且其应用对象通常为高浊度悬浮质废水。这是因为只有体系中存在大量的初级颗粒，才可形成较多的絮凝体，提高絮凝体间相互碰撞的概率，达到絮凝体脱水收缩的目的(张瑶瑶，2015)。

2. 核晶凝聚诱导造粒技术

核晶凝聚诱导造粒技术是基于上向流流化床实现的，其原理在于初级颗粒在进入流化床之前，首先经过混凝剂作用使其处于亚稳状态，该状态下初始微粒表面趋于脱稳聚集，但仍存在一定的排斥作用而不至相互凝聚，进而在流化床底部加入高分子助凝剂，初级颗粒在进入流化床以后，大量的初级颗粒在流化床中分散，并在助凝剂作用下逐一附着至床内已形成的既成颗粒(grown particle)表面。鉴于初级颗粒与既成颗粒间存在较大的浓度差，初级颗粒间发生絮凝的概率较小(张瑶瑶，2015)；同时，流化床内的水力剪切作用可有效破坏初级颗粒间的随机凝聚及初始微粒在既成颗粒上的不紧密结合，使得初级颗粒在既成颗粒上的逐一附着成为流化床内絮凝体生长的主要模式。该条件下形成的絮凝体密实圆滑，且极容易沉降分离。该技术在高浊度悬浮质废水、高浊度高色度废水、电厂废水等应用中表现出极佳的效果。但该技术的应用同样需要以废水中含有超高或较高的悬浮质为基础，对于未含有初级颗粒或初级颗粒极少的有机废水，以上两种技术均不可直接采用。因此，针对此类仅含有较高溶解性有机废水，如何改善其密度值得深入探讨。

从前述絮凝体特性参数的分析中可注意到，有机絮凝体的分形维数、沉降速度均在不同程度下低于无机絮凝体。分析其原因，应该主要在于以胶体状态分散于水中的有机物，由于水中带负电的胶体颗粒数量较少，为达到电中和点，所需的混凝剂投加量也较少，形成的絮凝体相对比较松散，难以沉淀。针对上述问题及有机物体系内不存在较多初级颗粒，基于分形理论中的物质相变理论框架，本书提出促进絮凝体成长的核晶凝聚理论。其要点在于，自然界中广泛存在以某种物质为核心，周围其他物质向其黏附或聚集的现象，如人工降雨就是利用空中水分子向凝结核聚拢并聚集的原理。将这一原理引入水处理混凝过程中，则可在低浊质废水混凝处理时，添加具有吸引脱稳微粒相互靠拢、聚集的成核物质，以成核物质为质量中心促进絮凝体形成的混凝模式(张瑶瑶，2015)。

核晶凝聚诱导造粒过程基本分为四个步骤：一是投加足够数量的金属盐凝聚剂，通过电中和效应使微小颗粒微脱稳；二是在保持微小颗粒微脱稳并有足够的相互碰撞条件下，投加具有大比表面积、高表面能的成核剂，起到吸引、聚集脱稳粒子的核晶凝聚作用；三是随着反应进行，脱稳颗粒间进一步发生微界面作用，包括"脱稳颗粒-成核剂"与"脱稳颗粒-脱稳颗粒"两种作用模式，初步形成絮凝体；四是为了促进絮凝体沉降，采用水力或者机械搅拌调控技术，使初步形成的絮凝体进一步密实化，提高有机物的去除效果(张瑶瑶，2015)。

由上述步骤可知，当有机物体系中存在一定量无机物质时其可充当成核物质，有效改善絮凝体性状。然而，对于一些工业废水而言，如石油作业过程中产生的有机废水，虽然体系中也会存在一定浓度的无机物杂质，但由于其有机物浓度偏高，其中不乏大分子有机物，这些大分子有机物与无机物杂质间相互作用，在无机粒子表面形成高吸附层，导致高的空间位阻会阻滞混凝反应的发生。对于此类有机废水，根据上述核晶凝聚原理(图 4.2)，可通过成核剂的导入提供大量脱稳粒

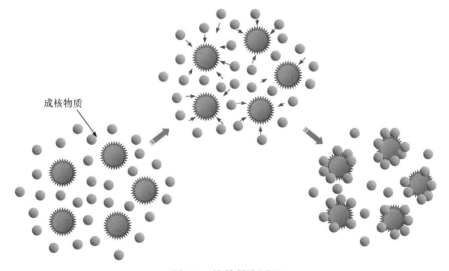

成核物质

图 4.2　核晶凝聚原理

子，破坏空间位阻现象，促使其向成核物质聚集，从而达到核晶凝聚的目的。从该意义上讲，核晶凝聚实际上也是空间位阻破坏后的一种凝聚结果。

在核晶凝聚诱导造粒过程四个步骤中，前两步主要体现了上述成核物质作用下的核晶凝聚作用，而后两个步骤则主要为上述核晶凝聚诱导作用下再进一步强化絮凝体构造的造粒过程。由前文所提到的絮凝体分步生长模型可知，使得絮凝体密实化的途径主要有两种模式，即逐一附着模式及脱水收缩模式。对于核晶凝聚诱导造粒过程而言，亚稳态初级颗粒克服空间位阻并在成核物质表面发生吸附结合时，由于前者处于亚稳态，其自身间的结合势较低，不足以达到相互脱稳凝聚的状态，且此时若体系内存在较多具有高表面能且粒径较大的成核物质时，微脱稳态的初级颗粒可吸附于成核物质表面，该过程主要对应于上述逐一附着模式。已吸附初级颗粒的成核物质在高分子絮凝剂作用下仍会进一步结合，该过程中通过控制合适的水力搅拌条件及高分子助凝剂加量，实现吸附微粒后的成核物质间凝聚并发生有效的相互碰撞，进而通过脱水收缩模式使絮凝体不断地密实化(张瑶瑶，2015)。

最终，在上述两种絮凝体密实化模式的联合作用下，形成密实化的絮凝体，从而达到强化有机物体系混凝过程中絮凝体的性状、改善其沉降性能、强化整体混凝效果的目的。

4.2　延时搅拌造粒混凝技术

4.2.1　延时搅拌造粒混凝理论基础

絮凝体的成长过程是一个随机型碰撞-结合的过程，由初级颗粒结合成小的集团，集团又结合成大的集团，然后结合成更大的集团，这样一步一步成长为大的絮凝体，如图4.3所示。絮凝体成长过程中，初级颗粒之间的空隙所占的比例会随着絮凝体粒径的增大而增大，导致絮凝体密度减小。为了改变絮凝体的这种性质，生成粒径大、密度高、分离快、沉泥含水率低的絮凝体，可通过减小空隙率 ε 和增加每一步结合颗粒个数 m 来提高絮凝体的分形维数 D_f，从而使絮凝体由松散型过渡到致密型，促进致密型絮凝体的生成(王晓昌等，2000b)。

延时搅拌造粒混凝技术所采用的理论是通过降低絮凝体空隙率 ε，利用有机高分子絮凝剂的吸附架桥作用提高絮凝体的抗剪切强度，通过长时间的高强度机械搅拌使絮凝体发生脱水收缩。所谓脱水收缩，就是将絮凝体分步成长过程中形成的高次空隙水(不是初级颗粒之间，而是颗粒集团之间的空隙水)挤压出去，使絮凝体的总空隙率缩小，体积减小，密度增大。这一作用的极限是高次空隙不复存在，絮凝体中的空隙部分仅为初级颗粒之间不可能排除掉的空隙，按前面描述

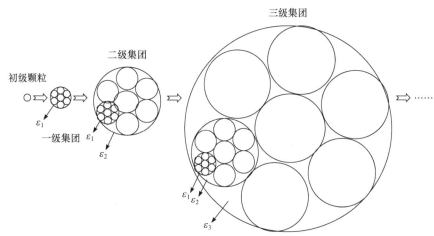

图 4.3　絮凝体分布成长理论

的分步成长絮凝体模型，就是一级集团的空隙率 ε 所表示的那部分空隙。达到这一极限状态的实质是收缩前的随机型絮凝体中的初级颗粒重新组合。延时搅拌造粒技术使高悬浊质颗粒首先在高强度机械搅拌下破碎，颗粒趋于均一化，有较好的球形度，然后进行造粒混凝。根据脱水收缩原理，絮凝过程中能更好地排除高次空隙水，减小空隙率，形成致密型絮凝体，达到更好的混凝沉淀效果。

4.2.2　延时搅拌造粒混凝与常规混凝效果分析

　　针对高悬浊质的油田废水，形成致密型絮凝体来达到良好的沉淀效果就显得尤为重要。通过不断加大搅拌强度和延长时间，分析不同水力条件下颗粒的粒径，最后确定水力条件为 1250r/min，历时 30min 时，颗粒粒径分布集中，较均一且球形度较好。

　　确定延时搅拌造粒混凝的操作方法为在 1250r/min、历时 30min 的条件下先进行颗粒的破碎、均一化实验，之后再投入工业聚合氯化铝(PAC)，进行快速搅拌，将 PAC 的浓度梯度定为 30mg/L、50mg/L、100mg/L；在 300r/min、历时 1min 后投入助凝剂聚丙烯酰胺(PAM)，助凝剂 PAM 的浓度梯度定为 5mg/L、10mg/L、15mg/L；然后转入慢速搅拌，历时 30min，搅拌结束后静沉 30min。通过摄影观察，分析絮凝体的形态，同时将单个絮凝体颗粒逐一从杯罐中取出并注入沉降筒，对自由沉降中的颗粒进行连续摄影，显像后通过分析软件进行絮凝体粒径、沉速、分形维数、有效密度的解析，同时监测采用延时搅拌造粒混凝的颗粒沉降比，与常规化学混凝的结果进行对比。

1. 粒径分布对比

　　混凝实验前，通过显微摄像仪，在相同摄影倍数下对油田废水原水颗粒粒径及延时搅拌后颗粒粒径进行分析，结果如图 4.4、图 4.5 所示。

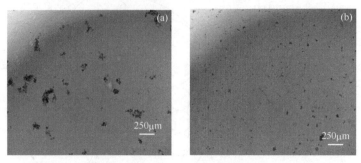

图 4.4　油田废水原水颗粒(a)与延时搅拌后颗粒(b)的对比

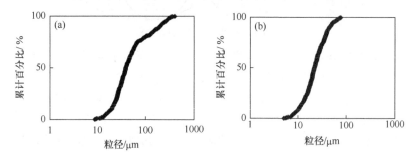

图 4.5　油田废水原水颗粒(a)与延时搅拌后颗粒(b)的粒径分布对比

　　由图 4.4、图 4.5 可知，油田废水原水颗粒粒径较大，松散且分布不集中，颗粒离散度为 79.67，中位粒径为 38.38μm；经延时搅拌后，颗粒粒径较小，均一、密实且分布集中，颗粒离散度降到 14.14，中位粒径降低至 21.81μm。由此可见，延时搅拌为后续更好地混凝提供了有利条件。

　　混凝实验后，通过摄影观察两种方案操作条件的絮凝体形态，选取两组照片，结果如图 4.6、图 4.7 所示。由图 4.6、图 4.7 可以看出，延时搅拌造粒混凝的颗粒较大且球形度较好。

图 4.6　PAC 50mg/L、PAM 15mg/L 时常规混凝(a)与延时搅拌造粒混凝(b)结果的对比

　　两种混凝方法的颗粒粒径结果如表 4.1 所示。由表 4.1 可知，当 PAC 投加量一定，随着 PAM 投加量的增加，颗粒粒径有增大的趋势，但延时搅拌造粒混凝

图 4.7　PAC 100mg/L、PAM 10mg/L 时常规混凝(a)与延时搅拌造粒混凝(b)结果的对比

颗粒粒径增加的趋势更明显。当 PAM 投加量一定，随着 PAC 投加量的增加，颗粒粒径有减小的趋势，但常规混凝颗粒粒径减小的趋势更明显且分布相对集中。由此可得，延时搅拌造粒混凝的效果优于常规混凝，且要达到相同效果，延时搅拌造粒混凝可减小混凝剂投加量，但是常规混凝无法达到延时搅拌造粒混凝颗粒的球形度。

表 4.1　两种混凝方法的颗粒粒径结果

PAC 投加量 /(mg/L)	PAM 投加量 /(mg/L)	常规混凝颗粒粒径/mm		延时搅拌造粒混凝颗粒粒径/mm	
		范围	均值	范围	均值
	5	1.81~5.23	3.11±0.30	1.33~3.17	2.13±0.20
30	10	4.05~8.56	5.99±0.50	4.30~7.87	6.06±0.30
	15	5.04~9.42	7.00±0.80	5.10~9.09	7.13±0.50
	5	2.39~4.99	3.42±0.30	2.07~3.83	2.99±0.20
50	10	3.29~7.69	5.79±0.50	4.45~9.37	6.27±0.20
	15	4.11~9.27	6.07±0.50	4.34~9.89	6.88±0.20
	5	1.99~4.95	3.35±0.30	2.07~5.27	3.40±0.20
100	10	2.60~6.25	4.26±0.30	3.56~7.83	5.91±0.20
	15	2.92~7.68	4.89±0.50	4.56~9.66	4.87±0.50

2. 沉速对比

　　图 4.8~图 4.16 分别展示了不同混凝剂投加量下，常规混凝与延时搅拌造粒混凝后，颗粒的沉速分布。由图 4.8~图 4.16 可知，常规混凝的絮凝体沉速分布松散，变化范围大；延时搅拌造粒混凝的絮凝体沉速分布集中，变化范围小。另外，延时搅拌造粒混凝的絮凝体沉速较常规混凝增加较快，增幅较大。

　　两种混凝方法的絮凝体沉速结果见表 4.2。由表 4.2 可知，当 PAC 投加量一定，随着 PAM 投加量的增加，絮凝体沉速有增大的趋势，但延时搅拌造粒混凝絮凝体沉速增加的趋势更明显且分布相对集中。当 PAM 投加量一定，随着 PAC 投加量的增加，常规混凝絮凝体沉速变化不大，延时搅拌造粒絮凝体沉速增大。由此可得，延时搅拌造粒混凝的效果优于常规混凝，且要达到相同沉速，延时搅拌造粒混凝可减小混凝剂投加量。

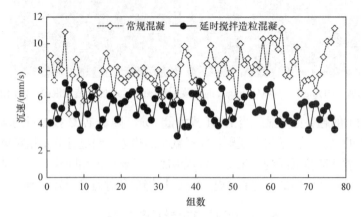

图 4.8　PAC 30mg/L、PAM 5mg/L 两种混凝方法沉速分布对比

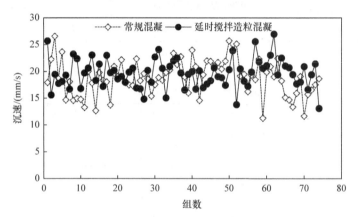

图 4.9　PAC 30mg/L、PAM 10mg/L 两种混凝方法沉速分布对比

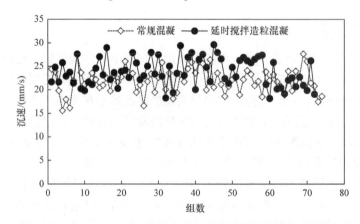

图 4.10　PAC 30mg/L、PAM 15mg/L 两种混凝方法沉速分布对比

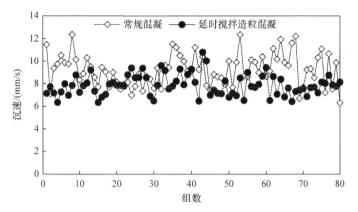

图 4.11　PAC 50mg/L、PAM 5mg/L 两种混凝方法沉速分布对比

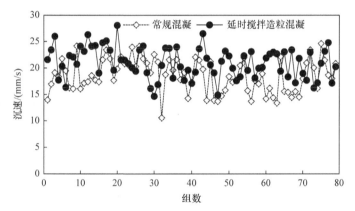

图 4.12　PAC 50mg/L、PAM 10mg/L 两种混凝方法沉速分布对比

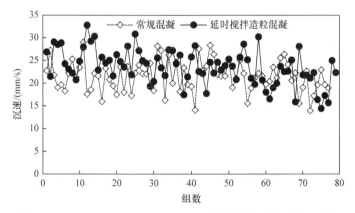

图 4.13　PAC 50mg/L、PAM 15mg/L 两种混凝方法沉速分布对比

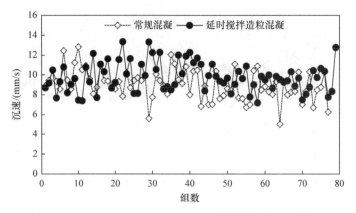

图 4.14　PAC 100mg/L、PAM 5mg/L 两种混凝方法沉速分布对比

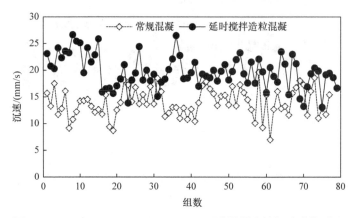

图 4.15　PAC 100mg/L、PAM 10mg/L 两种混凝方法沉速分布对比

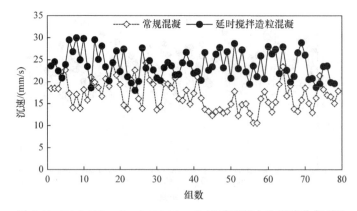

图 4.16　PAC 100mg/L、PAM 15mg/L 两种混凝方法沉速分布对比

表 4.2　两种混凝方法的絮凝体沉速结果

PAC 投加量 /(mg/L)	PAM 投加量 /(mg/L)	常规混凝絮凝体沉速/(mm/s)		延时搅拌造粒混凝絮凝体沉速/(mm/s)	
		范围	均值	范围	均值
30	5	4.78~11.92	8.14±1.00	3.11~7.18	5.12±0.50
	10	11.27~26.56	18.68±1.50	10.13~23.88	18.19±1.00
	15	11.59~28.96	22.41±2.00	10.52~30.36	23.89±1.00
50	5	4.41~12.35	8.95±1.00	6.34~10.81	7.88±0.50
	10	10.55~24.60	18.27±2.00	13.96~26.53	20.7±1.00
	15	13.58~29.99	20.60±1.50	15.67~30.83	23.49±1.50
100	5	4.10~14.09	8.97±1.00	7.18~13.36	9.81±0.50
	10	8.17~19.64	13.39±1.00	12.93~26.69	19.39±0.50
	15	7.99~24.24	15.63±1.00	13.89~29.95	22.81±1.00

3. 分形维数对比

不同混凝剂投加量下，两种混凝除磷的方法形成的絮凝体分形维数有明显的变化，选取两组混凝剂投加量对比较明显的二维分形维数和三维分形维数，如图 4.17~图 4.20 所示。不同混凝剂投加量下，常规混凝与延时搅拌造粒混凝的颗粒分形维数对比如表 4.3 所示。由表 4.3 可得，当 PAC 投加量一定，随着 PAM 投加量的增加，颗粒二维分形维数、三维分形维数有增大的趋势，但延时搅拌造粒混凝颗粒分形维数增加的趋势更明显；当 PAM 投加量一定，随着 PAC 投加量的增加，颗粒二维分形维数、三维分形维数有减小的趋势，但常规混凝分形维数减小的趋势更明显。由此可知，延时搅拌造粒混凝的效果优于常规混凝，且要达到相同分形维数，延时搅拌造粒混凝可减小混凝剂投加量，但是常规混凝无法达到延时搅拌造粒混凝颗粒的球形度。从分形维数数据可得，延时搅拌造粒混凝技术分形维数最好的条件为 PAC 50mg/L、PAM 10mg/L；常规混凝分形维数最好的条件为 PAC 50mg/L、PAM 15mg/L，但前者的分形维数较后者大得多。

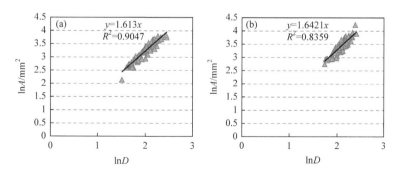

图 4.17　PAC 50mg/L、PAM 10mg/L 两种混凝方法二维分形维数对比

(a) 常规混凝；(b) 延时搅拌造粒混凝。$\ln A$ 表示二维分形维数的絮凝体的投影面积

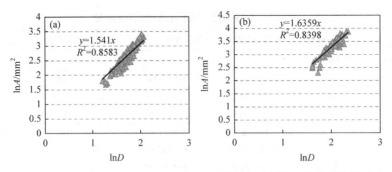

图 4.18　PAC 100mg/L、PAM 10mg/L 两种混凝方法颗粒二维分形维数对比

(a) 常规混凝；(b) 延时搅拌造粒混凝

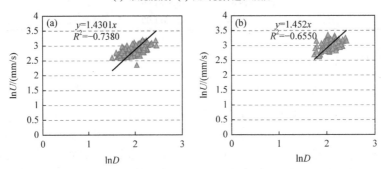

图 4.19　PAC 50mg/L、PAM 10mg/L 两种混凝方法颗粒三维分形维数对比

(a) 常规混凝；(b) 延时搅拌造粒混凝。ln$U$ 表示三维分形维数的絮凝体的自由沉降速度

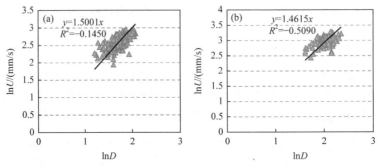

图 4.20　PAC 100mg/L、PAM 10mg/L 两种混凝方法颗粒三维分形维数对比

(a) 常规混凝；(b) 延时搅拌造粒混凝

表 4.3　两种混凝方法的颗粒分形维数结果

PAC 投加量 /(mg/L)	PAM 投加量 /(mg/L)	二维分形维数		三维分形维数	
		常规混凝	延时搅拌造粒混凝	常规混凝	延时搅拌造粒混凝
	5	1.380±0.02	1.092±0.01	1.798±0.02	1.498±0.01
30	10	1.621±0.05	1.641±0.02	2.052±0.05	2.077±0.02
	15	1.659±0.05	1.639±0.02	2.070±0.05	2.044±0.02

续表

PAC 投加量 /(mg/L)	PAM 投加量 /(mg/L)	二维分形维数		三维分形维数	
		常规混凝	延时搅拌造粒混凝	常规混凝	延时搅拌造粒混凝
50	5	1.41±0.05	1.36±0.02	1.82±0.05	1.78±0.02
	10	1.61±0.10	1.64±0.05	2.04±0.10	2.09±0.05
	15	1.63±0.10	1.64±0.05	2.09±0.10	2.08±0.05
100	5	1.42±0.05	1.44±0.02	1.83±0.05	1.92±0.02
	10	1.54±0.10	1.64±0.05	2.04±0.05	2.10±0.05
	15	1.56±0.10	1.65±0.05	2.03±0.10	2.07±0.05

4. 粒径-有效密度对比

不同混凝剂投加量下,常规混凝与延时搅拌造粒混凝絮凝体颗粒的粒径-有效密度如图 4.21 所示。一般,以机械搅拌为主的混凝,有效密度有随颗粒粒径增大而减小的趋势。由图 4.21 可得,与常规混凝相比,延时搅拌造粒混凝的颗粒粒

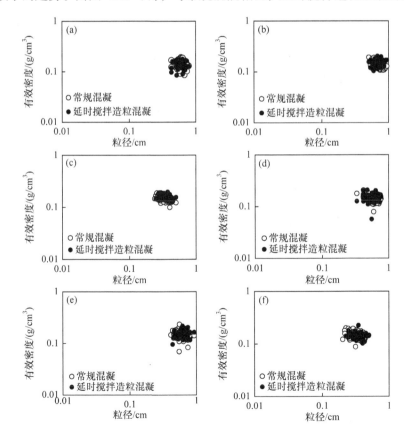

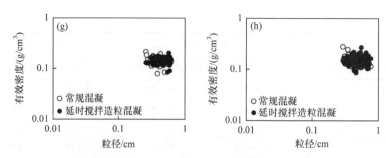

图 4.21　不同混凝剂投加量下两种混凝方法絮凝体颗粒的粒径-有效密度

(a) PAC 30mg/L，PAM 10mg/L；(b) PAC 30mg/L，PAM 15mg/L；(c) PAC 50mg/L，PAM 5mg/L；(d) PAC 50mg/L，PAM 10mg/L；(e) PAC 50mg/L，PAM 15mg/L；(f) PAC 100mg/L，PAM 5mg/L；(g) PAC 100mg/L，PAM 10mg/L；(h) PAC 100mg/L，PAM 15mg/L

径增加得较快，但有效密度基本恒定。常规混凝的颗粒粒径增加得较慢，且有效密度随粒径的增大而减小。由此可得，延时搅拌颗粒的有效密度相对较大。

5. 污泥沉降比 SV_{30} 对比

不同混凝剂投加量下，常规混凝与延时搅拌造粒混凝的污泥沉降比 SV_{30} 对比如图 4.22 所示。污泥水原水的 SV_{30} 在 85%左右，由图 4.22 可知，经处理后常规混凝的 SV_{30} 在 60%~75%，而延时搅拌造粒混凝的 SV_{30} 在 32%~40%，污泥沉降比大幅减小，相同混凝剂投加量下，延时搅拌造粒混凝的沉降效果好且混凝剂用量少。

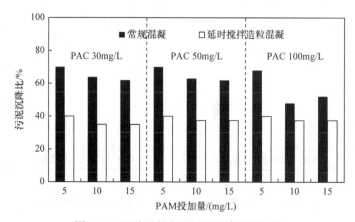

图 4.22　两种混凝方法污泥沉降比对比图

4.3　核晶凝聚诱导造粒混凝技术

要实现核晶凝聚造粒需解决的问题可概括为两个部分：第一，核晶凝聚过程中如何实现有机物的微脱稳-有机物核晶凝聚的成核条件，以及成核物质的适宜添加条件,包括物质种类、粒径范围及投加量等;第二,造粒过程中使得絮凝体密实化的强化脱水收缩作用等水力搅拌条件及絮凝剂投加量等的具体工艺应如何控制。只有确定了上述各因素的适宜条件才可最终有效实现有机物体系核晶凝聚诱导造粒混凝过程,并对实际应用工艺提供全面有效的指导。本节以压裂废水为实验对象,就以上两个问题涉及的因素分别进行实验。

4.3.1 成核条件及成核剂筛选

1. 有机物体系核晶凝聚的成核条件

有机物体系核晶凝聚成核必须具备两点条件:第一,有机物的微脱稳必须处于亚稳态(或准稳态),即通过控制混凝剂投加量,使大分子有机物并未完全脱稳。在这样的脱稳条件下,任何离散的微元组分与邻近组分间结合势微弱,难以发生随机碰撞结合,而当向体系中投加成核剂后,表面附近的动态化学平衡条件导致局部过饱和区的形成,当微元组分靠近成核剂时,则具有与其表面结合的化学势而发生反应结合。第二,成核剂投加量控制与优化。投加的成核剂必须以达到空间位阻消除为佳,过多投加成核剂会造成成核剂自身间的多体系凝聚,产生的污泥量过多,反而不利于有机物的去除与工艺控制(张瑶瑶,2015)。

1) 有机物的准稳态控制

选取石油压裂作业过程中产生的压裂废水作为实验对象,对典型工业废水中有机物的准稳态控制进行阐述。图 4.23 为 PAM 投加量为 3mg/L 下,以 PAC 为混凝剂,在 pH 为 6.5 条件下的压裂废水中色度变化情况。随着 PAC 投加量的增加,色度去除率不断增加,水质由淡黄色趋于无色(此时 COD 也大幅度地削减,压裂废水处理过程中的色度是有机物去除的重要指标)。在 PAC 投加量≥0.8g/L 后色度的去除明显减缓,在 PAC 投加量≥1.0g/L 后继续增大投加量,色度的去除无明显改善。图 4.24 为与之相对应的 ζ 电位变化情况。结果表明,溶解性有机物与 PAC 的水解产物共聚络合形成的不溶性微粒,其 ζ 电位随 PAC 投加量的增大而缓慢增

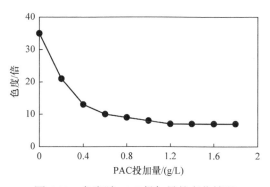

图 4.23 色度随 PAC 投加量的变化情况

大，但直至 PAC 投加量至 1.8g/L 时，微粒的 ζ 电位值仍未能到达到等电点(ζ 电位为 0mV)。

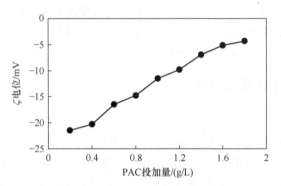

图 4.24 ζ 电位随 PAC 投加量的变化情况

在 PAC 投加量大于 0.6g/L 以后，分别投加硅藻土作为成核剂(成核剂投加量控制为 50mg/L)，分析几种 PAC 投加量下絮凝体的形成情况，结果如图 4.25 所示。

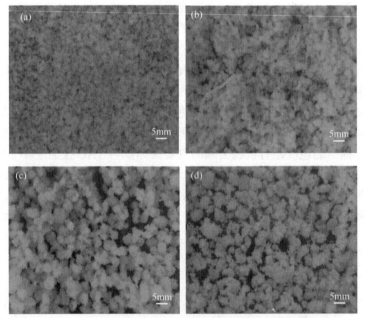

图 4.25 不同 PAC 投加量下的絮凝体形成情况(投加成核剂)
(a) PAC 投加量为 0.6g/L；(b) PAC 投加量为 0.8g/L；(c) PAC 投加量为 1.0g/L；(d) PAC 投加量为 1.4g/L

由图 4.25 可以看出，不同混凝剂投加量下形成的絮凝体形态学差异很大，但可以看出，当 PAC 投加量为 1.0g/L 时，形成的絮凝体形态最佳。对比此时有机物的 ζ 电位，可以发现其值在 -10mV 左右。因此，对于有机物的核晶凝聚而言，准

稳态 ζ 电位控制是其成核的必要条件之一。

如前所述，核晶凝聚诱导造粒混凝技术是逐一附着模式与机械脱水收缩模式的结合。在逐一附着模式中，微脱稳颗粒间不应具有足够的结合势，以避免其相互随机结合形成松散的低级团簇，进而在成核物质表面完成逐一附着过程，形成密实化的絮凝体。这一目的的实现需要通过控制混凝剂投加量，以促使初级颗粒间不具备足够的结合势，即控制其处于准稳态。

在此借助化学沉淀理论对该准稳态进一步详细说明。通常，物质发生化学沉淀的稳定状态与分区如图 4.26 所示。其中，曲线①即溶解度曲线，是离子浓度与pH 间的关系，其下方为液相区，离子浓度处于不饱和(unsaturated)状态，不会发生化学沉淀。相应地，在曲线③的上方，离子浓度处于过饱和(oversaturated)状态，将自发形成化学沉淀物。但在曲线③和曲线①之间，存在一个过渡区域，体系处于亚稳(metastable)状态，位于这一区域的曲线②是所谓 "活性" 固相("active" form of solid phase)的溶解度。与过饱和区不同，当离子浓度与 pH 的关系位于亚稳区时，化学沉淀的发生往往需要一定的历时，或者说化学沉淀将缓慢发生，且形成的沉淀物会是不定型的细小结晶物。然而，在这种条件下，一旦体系中导入了同类结晶物，就会诱导化学沉淀迅速发生，并主要发生于原有结晶物的表面，导致结晶物的成长(growth)。

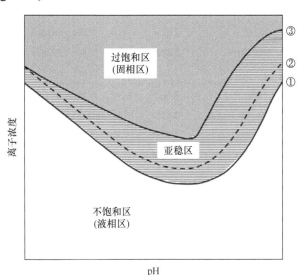

图 4.26　化学沉淀体系的稳定状态与分区
① 溶解度曲线；② "活性" 固相的溶解度；③ 亚稳区的上限

在核晶凝聚诱导造粒混凝技术中对于亚稳态的控制借鉴了上述亚稳区内化学沉淀会发生 "延迟" 和同类结晶物 "诱导" 的原理，即通过控制 PAC 投加量，使微絮体处于微脱稳状态(有别于常规混凝操作所需的完全脱稳状态)，从而不会发生微絮体之间的结合。进而，加入的具有极高表面能的成核剂才能作为微絮体逐一附着的母体，诱导此类"似稳非稳"状态的初级颗粒附着至其表面，完成混凝过程的诱导。

2) 成核剂投加量控制与优化

在达到上述适宜的准稳态条件下，作为诱导微絮体混凝的成核物质，其粒径大小及投加量也是影响后续絮凝体性状的重要因素。为此，实验研究不同成核剂投加量及粒径下的絮凝体特性。

(1) 絮凝体的形态特征。以硅藻土为成核剂，分析对应于上述压裂废水的强化混凝过程中成核剂投加量对其影响。以上述准稳态为条件，控制 PAC 投加量为 1.0g/L，并依据预实验得出压裂废水在 PAM 投加量为 10mg/L 时絮凝体性状更加密实，故选取上述两种投加量，然后分析不同的硅藻土粒径及投加量对絮凝体分形维数及粒径的影响，结果见表 4.4。

表 4.4　硅藻土粒径及投加量对絮凝体分形维数及粒径的影响

硅藻土投加量 /(mg/L)	硅藻土粒径/μm	分形维数	粒径/mm	
			范围	均值
30	<30	2.1144	2.321～5.002	3.997
	30～75	2.2251	2.882～6.182	4.460
	76～100	2.2131	2.561～5.726	4.287
	101～150	2.2480	2.677～6.092	4.339
100	<30	2.3826	3.454～6.783	4.786
	30～75	2.3228	3.215～6.553	4.550
	76～100	2.3924	3.220～5.443	4.167
	101～150	2.4610	2.805～5.111	3.935
200	<30	2.2612	2.790～7.610	5.000
	30～75	2.3073	3.228～7.280	4.792
	76～100	2.3308	3.617～7.090	5.358
	101～150	2.3652	3.390～7.380	4.882

由表 4.4 可知，硅藻土的投加对于压裂废水絮凝体性状的改善具有良好的效果。首先，絮凝体的分形维数随硅藻土投加量的增大而整体增大，由 30mg/L 时的 2.1144～2.2480 增至 100mg/L 时的 2.3228～2.4610，但在硅藻土投加量增大至 200mg/L 时却出现略微下降。此外，絮凝体粒径随硅藻土在低投加量下变化不甚明显，但投加量为 200mg/L 时的絮凝体粒径较其他投加量下稍大。其次，同一硅

藻土投加量下不同粒径范围的硅藻土对絮凝体粒径的影响不明显，但絮凝体的分形维数却随粒径范围的增加出现了略微增加的趋势。

此外，实验中明显观测到硅藻土的投加会更有利于球状絮凝体(pellet flocs)的形成，各硅藻土投加量条件下的絮凝体均能较好地呈现球状外观，且沉降性能较好，慢搅停止后絮凝体即可迅速沉降至烧杯底部，极大地缩短了固液分离所需时间。

(2) 絮凝体沉速及有效密度分析。自由沉速可以直接体现絮凝体的沉降性能，其值越大表明絮凝体的沉降性能越佳。有效密度代表絮凝体在水中的密度，由絮凝体的自由沉速及粒径等相关参数计算而来，该参数将絮凝体在水中的密实程度加以量化，进一步表征了絮凝体的密实程度。

表 4.5 显示了上述同等操作条件下硅藻土投加量及粒径范围对絮凝体自由沉速 u 及有效密度 ρ_e 的影响。

表 4.5　硅藻土投加量及粒径范围对絮凝体自由沉速及有效密度的影响

硅藻土投加量 /(mg/L)	硅藻土粒径/μm	u/(mm/s)		ρ_e/(g/cm³)	
		范围	均值	范围	均值
30	<30	6.990~17.650	11.986	0.006~0.018	0.011
	30~75	7.690~20.242	12.017	0.009~0.022	0.013
	76~100	7.125~16.68	12.153	0.008~0.017	0.013
	101~150	7.502~20.425	12.560	0.008~0.022	0.014
100	<30	10.676~25.340	14.298	0.014~0.027	0.017
	30~75	10.027~22.910	14.581	0.011~0.026	0.018
	76~100	10.835~19.980	14.785	0.016~0.028	0.020
	101~150	7.758~19.369	14.929	0.015~0.030	0.023
200	<30	9.464~23.555	15.463	0.012~0.020	0.016
	30~75	10.081~22.205	15.640	0.012~0.023	0.018
	76~100	10.170~26.770	16.240	0.011~0.028	0.020
	101~150	8.953~26.410	16.821	0.011~0.029	0.021

由表 4.5 可以看出，随硅藻土投加量的增大，在 30~100mg/L 时絮凝体的有效密度出现上升趋势，而投加量增大至 200mg/L 时却未出现相应增长，甚至有所下降。观测 200mg/L 时絮凝体的自由沉速却未见下降，这是因为絮凝体的自由沉速与絮凝体粒径及有效密度成正比，同等有效密度下絮凝体粒径越大，其自由沉速越大。结合 200mg/L 投加量下絮凝体的粒径可知，该投加量下絮凝体粒径较大，这在一定程度上导致了该投加量下絮凝体沉速未随有效密度降低而出现降低的结果。此外，同一硅藻土投加量下，粒径范围较大(101~150μm)，对絮凝体性状的

改善更有优势，其絮凝体沉速及有效密度均表现出随硅藻土粒径范围的增大而增大的趋势。

　　图 4.27 为不同硅藻土投加量及粒径范围对絮凝体粒径、沉速及有效密度等特性的影响。由图 4.27 可见，当硅藻土投加量为 30mg/L 时，形成的絮凝体有效密

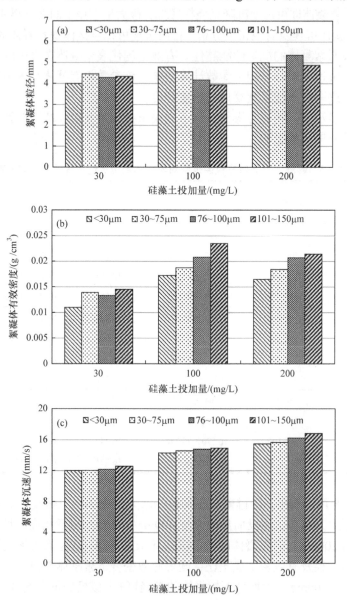

图 4.27　不同硅藻土投加量及粒径范围对絮凝体特性的影响

(a) 对絮凝体粒径的影响；(b) 对絮凝体有效密度的影响；(c) 对絮凝体沉速的影响

度较小，沉速较低；当投加量增加至 100mg/L 时，絮凝体的有效密度及沉速均出现较明显增长，而投加量继续增大至 200mg/L 时，絮凝体的平均粒径及沉速虽稍微增加，但其有效密度却出现下降。

观测实验中絮凝体的形成过程可以发现，硅藻土在加入混凝体系后，在混凝剂的作用下，首先，硅藻土周围聚集了大量由高分子助凝剂连接而成的松散絮凝体，其大小不一，边界粗糙，呈向外辐射状；其次，在持续的慢速搅拌条件下，边界粗糙的絮凝体在不断吸附周围小而散的絮凝体并不断相互碰撞的过程中，逐渐形成了附着或内嵌大量硅藻土颗粒的近球状絮凝体，其结构密实且沉降性能优越。虽然向水中增加硅藻土可以显著提高有机絮凝体的沉降速度与尺寸，但是过大的硅藻土投加量又会使得颗粒间的碰撞结合效率降低。一方面，投加的硅藻土具有降低有机物巨大比表面积所导致的空间位阻效应，从而起到增大絮凝体尺寸与密度的作用；另一方面，大量硅藻土微粒间又会因其表面负电荷斥力而相互排斥，影响松散型絮凝体的密实化进程，此时大量的硅藻土会存在于絮凝体内部，依靠其自身较大的密度使得絮凝体沉速增大，但却因大量硅藻土颗粒间斥力的存在使得絮凝体有效密度相对较低。

此外，由图 4.27(b)和(c)可得出，粒径范围较大(100～150μm)的硅藻土颗粒对于絮凝体沉速及有效密度的改善明显优于其他粒径范围小的硅藻土。此外，结合表 4.5 中该粒径范围对应的絮凝体有效密度可知，随着该粒径范围下硅藻土投加量的增大，30mg/L 时絮凝体的有效密度由 0.014g/cm³ 增加至 100mg/L 时的 0.023g/cm³，而当投加量增至 200mg/L 时，絮凝体的有效密度则出现下降，其值为 0.021g/cm³。由此可见，硅藻土的投加量也存在一较优范围，就本研究而言，其投加量不应高于 200mg/L 的界限。

综上分析可见，成核剂的投加量作为核晶凝聚的成核条件之二，对絮凝体性状的改善具有一定影响，其投加量不宜过大。上述压裂废水的实验结果中总有机碳(total organic carbon，TOC)约为 200mg/L，按照硅藻土投加量 100mg/L 计，对于以压裂废水为主的有机物体系而言，其成核剂投加量不得高于 0.5mg/mg-TOC，从研究结果来看，成核剂投加量一般控制在 0.1～0.3mg/mg-TOC 为佳。如果折算为有机絮凝体的个数来说(按照表 4.5 中的絮凝体有效密度、粒径、产生的污泥量计算)，并将硅藻土的粒径与投加量相结合，计算过程详述如下。

首先，硅藻土粒径为 100～150μm 时，当其投加量为 100mg/L，投入至体系中的硅藻土颗粒数约为

$$n_{\mathrm{s}} = \frac{m_{总}}{m_{单}} = \frac{m_{总}}{\dfrac{\pi}{6}d^3 \cdot \rho_{\mathrm{s}}} \tag{4.3}$$

式中，n_{s}——加入体系中的总硅藻土颗粒数；

$m_{总}$——硅藻土在体系中的投加量(mg/L)，为100mg/L；

$m_{单}$——平均单个硅藻土颗粒的质量(mg)；

d——单个硅藻土的平均粒径(μm)，以125μm计；

ρ_s——硅藻土颗粒密度，0.47t/m³。

将相应各值代入式(4.3)中，计算可得1 L的有机物体系中投入的硅藻土颗粒数约为20833个。

其次，1L体系内形成的絮凝体个数可按照如下公式计算：

$$n_{絮}=\frac{V_{总}}{V_{单}}=\frac{V_{总}}{\frac{\pi}{6}d_{絮}^3} \tag{4.4}$$

式中，$n_{絮}$——絮凝体的个数；

$V_{总}$——总的絮凝体沉泥体积(m³)，以沉泥量为5%计算；

$V_{单}$——单个絮凝体的平均体积(m³)；

$d_{絮}$——单个絮凝体的平均粒径(m)，见表4.6，约为4mm。

将各相应值代入式(4.4)中，计算可得1 L体系内约形成1490个絮凝体,式(4.3)和式(4.4)所得结果相除即得出硅藻土投加量约为139个核/絮凝体。结合其他投加量条件可得，成核剂投加量为100~200个核/絮凝体。成核剂投加量如果高于这一指标，将不利于絮凝体的密度增加，这一密度减小则是多体系排斥力综合作用的结果。

2. 成核物质的筛选

前述讨论了以硅藻土为例的成核反应。实际上，强化有机物絮凝的成核物质众多，可供使用的还有黏土、黄土、粉末活性炭、高岭土等。对此，选用四种物质(硅藻土、粉末活性炭、黄土、高岭土)作为混凝成核物质，分析比较各物质对压裂废水核晶凝聚的强化效果，絮凝体性状对比结果如表4.6所示。

表 4.6　不同成核物质下絮凝体性状对比

成核物质	D_3	平均粒径/mm	u/(mm/s)		ρ_e/(g/cm³)	
			范围	均值	范围	均值
硅藻土	2.3736	4.43	9.56~23.54	15.23	0.0140~0.0304	0.0209
粉末活性炭	2.2661	3.90	7.38~16.24	11.43	0.0107~0.0183	0.0146
黄土	2.4429	4.13	9.15~20.88	14.46	0.0150~0.0310	0.0228
高岭土	2.3310	4.15	7.79~19.64	13.21	0.0125~0.0235	0.0177

由表 4.6 可知,不同成核物质对压裂废水核晶凝聚的强化效果存在显著差异。其中,添加粉末活性炭作为成核剂时的絮凝体平均粒径及沉速等均明显较其他三种成核物质下的絮凝体差,其平均有效密度仅为黄土的 64%。以分形维数、沉速及有效密度为标准,对不同成核物质下的造粒后絮凝体性状进行综合对比,其优劣次序为:黄土>硅藻土>高岭土>粉末活性炭。

由于成核物质在核晶凝聚过程中起到吸引、聚集脱稳粒子的作用,意味着成核物质的比表面积越大、表面能越高越有利于脱稳粒子的吸附聚集。此外,成核物质最终作为核物质存在于絮凝体内部,随絮凝体同步沉降,因此同等条件下,成核物质自身的密度越高,其沉降速度也会越高,相应会促使絮凝体沉降速度较大。分析上述选取的四种不同性质的成核物质,同等成核条件下成核数目相近时,粉末活性炭由于其自身密度较小、质量轻,相对于密度较大的其他三种物质,其对于絮凝体沉速及有效密度的改善效果不佳。

此外,由于高岭土主要由粒径<2μm 的微小片状、管状、叠片状等高岭石簇矿物组成(Qu et al., 2023),但其表面不存在如同硅藻土及黄土所具有的多孔结构,而这些多孔结构的存在使得该类物质具有较大比表面积、较高表面能,可有效吸附已达微脱稳状态的微元颗粒并消除其空间位阻,从而强化有机物的混凝,而且黄土和硅藻土自身的密度也相对较大,可有效提高絮凝体沉降性能,故同等条件下硅藻土和黄土的核晶凝聚效果较优。

天然黄土中存在某些可溶于水的组分,使得黄土在水体内既定粒径会发生改变,从而造成成核物质粒径对絮凝体强化效果的影响无法得到准确考量;而硅藻土同时兼具不含水溶性组分且其对核晶凝聚的强化效果较优,故通常被作为最佳成核物质。

3. 成核剂粒径控制

作为核晶凝聚过程的重要诱导条件——成核物质,其需要具有较大的比表面积和较高表面能的条件才能完成准脱稳有机胶体物的有效吸附,并作为质量核心诱导絮凝体密实化的完成,因此成核剂的粒径控制对于核晶凝聚过程中絮凝体的密实化具有重要的作用。

如图 4.28(a)所示,通常有机物质与混凝剂形成的共聚络合微粒,其粒径为微米级,而投加粒径相对较大的成核物质(粒径达几十微米甚至上百微米)时,由于二者粒径差异较大,微脱稳的微粒能够在成核物质表面大量吸附聚集,从而有效消除空间位阻现象,并在高分子助凝剂作用下,成核物质间再进行凝聚并脱水重组,不断密实化。如图 4.28(b)所示,若成核物质粒径较小,小于或略大于微脱稳微粒的粒径时,大量微脱稳的颗粒在成核物质表面无法被吸附,与脱稳颗粒夹杂,不能充分消除有机物的空间位阻现象,二者相互渗透而无法达到成核作用。同时,同等成核物质投加量下,成核物质粒径越小意味着其成核物质颗粒数越多,上述夹杂与渗透现象越普遍，成核物质的核晶凝聚作用大大削弱，几乎未能表现出其吸附凝聚脱稳颗粒的作用，该条件下形成的絮凝体与常规絮凝体相似，表现出疏松的结构。

(a)　　　　　　　　　　　　　　(b)

图 4.28　不同成核物质粒径下的核晶凝聚示意图

(a) 成核物质粒径较大；(b) 成核物质粒径较小

为探讨该问题，在已明确的最优混凝控制条件下，以硅藻土作为成核物质为例，考虑到在 100～150μm 较大粒径的核晶凝聚效果较优，故主要考虑粒径稍大的硅藻土的核晶凝聚效果，向水中投加 200～280μm 及 100～150μm 两种粒径范围、不同投加量的硅藻土，分析压裂废水混凝过程中的絮凝体有效密度和沉速变化情况，结果如图 4.29 和图 4.30 所示。

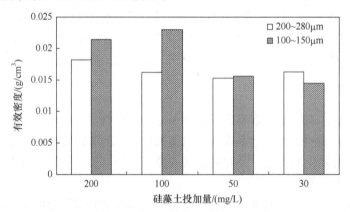

图 4.29　不同硅藻土粒径范围与投加量下的絮凝体有效密度变化情况

由图 4.29 及图 4.30 可知，硅藻土投加量较小、两种粒径范围下的絮凝体有一定的差异，特别是当投加量增大至 100mg/L 以上时，粒径为 100～150μm 的硅藻土混凝效果明显优于 200～280μm 的硅藻土，这与粒径较大的硅藻土发生自沉降，导致部分颗粒未能发挥出其成核作用密切相关。同时，结合图 4.27(b)和(c)中粒径小于 150μm 的四种不同范围的成核剂所形成的絮凝体沉速及有效密度对比，结果显示小粒径范围的成核剂同样也不利于形成密实的絮凝体。此外，对粒径范围

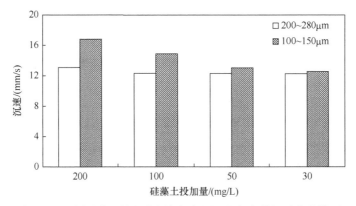

图 4.30　不同硅藻土粒径范围与投加量下的絮凝体沉速变化情况

较大(450~500μm、800~900μm)的硅藻土混凝情况也进行了探讨，随着硅藻土粒径范围的增大，其自沉降现象更加严重，无法有效发挥成核物质的作用。

　　综上所述，成核物质的粒径是影响核晶凝聚诱导造粒混凝过程中的重要因素，成核物质的粒径范围过大或过小均会阻碍成核物质吸附凝聚微脱稳颗粒的作用。其中，粒径范围过小，成核物质将与微脱稳颗粒构成类同体系而无法消除空间位阻；成核物质粒径范围过大时，其自沉降作用则是阻碍成核物质发挥其效能的重要屏障。综合上述结论，以硅藻土为例，其适宜的粒径范围应为 100~150μm，此时成核物质的粒径足够大但不至于发生自沉降而阻碍核晶凝聚过程，是适宜的粒径范围。

4.3.2　基于核晶凝聚的絮凝过程控制

1. 高分子助凝剂的调控作用

1) 高分子助凝剂在核晶凝聚诱导造粒过程中的作用

由核晶凝聚的技术原理及步骤可得出，有机絮凝体的密实化过程大致分为两步：第一，控制微粒处于准稳态且加入合适的高表面能成核物质后，脱稳颗粒在成核物质表面完成"逐一附着"的过程；第二，引入高分子助凝剂，强化脱稳颗粒与成核物质以及脱稳颗粒间的吸附聚集作用，同时，吸附聚集了大量脱稳颗粒的成核物质也在高分子助凝剂的架桥作用下相互聚集，形成具有一定高次空隙水的初期絮凝体，水力调控的作用促使絮凝体内部颗粒结构发生重组，将该絮凝体内部的高次空隙水挤压出去，这一过程是以"机械脱水收缩"作用为主导。经过上述两个过程，絮凝体得以密实化(张瑶瑶，2015)。

　　由上述分析可知，要完成核晶凝聚诱导造粒形成密实化絮凝体，投加一定量的高分子助凝剂是必要条件：作用一，强化脱稳颗粒与成核物质以及脱稳颗粒间的吸附聚集作用；作用二，在吸附聚集了脱稳颗粒的成核物质间起桥梁作用使其凝聚形成初期絮凝体，该絮凝体结构松散，含较多空隙；作用三，在水力调控阶段进一步强化絮凝体的构造，高分子助凝剂作为桥梁物质可有效避免絮凝体在水力搅拌阶段发生破碎，只有在其架桥作用下，组成絮凝体的内部颗粒才能有足够的强度承受流体的剪切作用，并在长期的搅拌过程中仍相互聚集形成一个完整的絮凝体，且不断脱水密实化。

2) 高分子絮凝剂投加量优化

由上述分析可知，高分子助凝剂对核晶凝聚诱导造粒过程的实现具有至关重要的作用，但高分子助凝剂的投加量也存在一个合适的范围，投加量过小或过大均不利于絮凝体的密实化。为此，在 4.1 节中所述的成核条件及添加剂条件下(PAC投加量为 1.0g/L，硅藻土成核剂选取粒径范围 $100\sim150\mu m$、投加量为 50mg/L)，以常规工业用 PAM 作为高分子助凝剂，考察其投加量分别为 5mg/L、10mg/L、15mg/L 时对核晶凝聚强化絮凝体构造的影响。

(1) PAM 投加量对絮凝体性状的影响。在不同 PAM 投加量下进行混凝实验，混凝结束后取一定量絮凝体，采用粒子图像测速技术进行测定，并对测得的絮凝体自由沉速、粒径等进行统计分析，可得絮凝体的粒径分布、自由沉速及有效密度等特征参数。图 4.31 为不同 PAM 投加量下絮凝体粒径的分布情况。其中 d_{50} 表示样品中累计粒度百分数达到 50%时所达到的粒径，代表粒径大于或小于该粒径的粒子均占总粒子数的 50%。

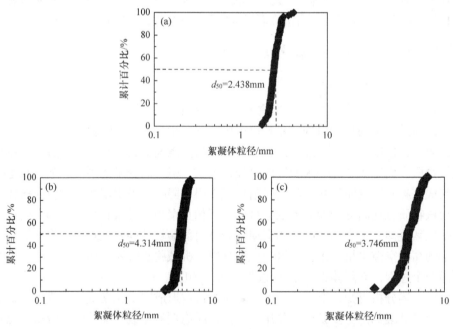

图 4.31　不同 PAM 投加量下絮凝体粒径的分布情况

(a) PAM 投加量为 5mg/L；(b) PAM 投加量为 10mg/L；(c) PAM 投加量为 15mg/L

　　由图 4.31 可见，同等条件下，随着 PAM 投加量的增大，絮凝体粒径呈现出先增大后降低的趋势。结合图 4.32 中不同 PAM 投加量下的絮凝体有效密度可知，当 PAM 投加量较小时(5mg/L)，形成的絮凝体虽粒径分布均匀但尺度较小，且絮凝体有效密度较低，结构松散。当 PAM 投加量增至 10mg/L 时，絮凝体的性状明显发生改善，其粒径出现较大增长，并且尺度分布均匀，同时絮凝体具有较高的有效密度，可见该条件下絮凝体密实且尺度均匀，整体性状较优。进一步增大 PAM 投加量至 15mg/L 时，絮凝体的粒径及有效密度均出现降低，并且絮凝体尺度跨越幅度较宽，粒径分布不均匀。可见该条件下絮凝体大小不一，且较 PAM 投加量为 10mg/L 时的絮凝体稍松散。

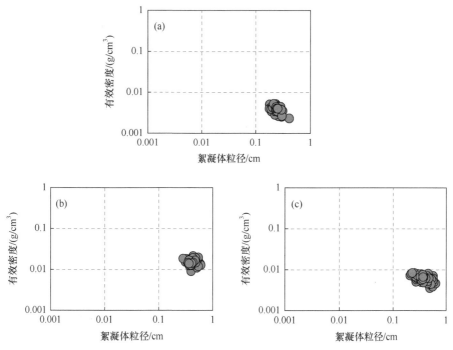

图 4.32　不同 PAM 投加量下絮凝体的有效密度
(a) PAM 投加量为 5mg/L；(b) PAM 投加量为 10mg/L；(c) PAM 投加量为 15mg/L

　　此外，对以上三种条件下絮凝体的分形维数、自由沉速等也进行了统计分析，结果如图 4.33 所示。由图 4.33 可知，絮凝体的分形维数及自由沉速随 PAM 投加量的变化与粒径及有效密度的变化趋势相似，均表现为先增大后降低的趋势。综合对比絮凝体的各项特性参数可见，PAM 投加量为 10mg/L 时对核晶凝聚诱导造粒混凝的效果最优，投加量不足或过大均不利于密实絮凝体的形成。图 4.34 中不同 PAM 投加量下的絮凝体图像也较为直观地表明以上所得结论的正确性。

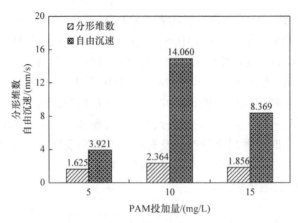

图 4.33 PAM 投加量对絮凝体自由沉速及分形维数的影响

图 4.34 不同 PAM 投加量下的絮凝体图像
(a) PAM 投加量为 5mg/L；(b) PAM 投加量为 10mg/L；(c) PAM 投加量为 15mg/L

(2) 不同 PAM 投加量下絮凝体性状存在差异的机理分析。通常，高分子助凝剂的絮凝作用可以分为吸附过程与絮凝过程。高分子聚合物通常具有长链状分子结构，可通过氢键、配位反应、离子交换反应、静电作用等吸附于颗粒表面，并依靠较长链状结构的弯曲缠绕促使颗粒聚集且保证其拥有足够强度来抵抗水力剪切作用，实现不断脱水密实化(张瑶瑶，2015)。

若高分子助凝剂的投加量不足，则无法产生足够的架桥作用，强化脱稳颗粒与成核物质及脱稳颗粒间的吸附凝聚作用，同时后续成核物质间的聚集作用也会削弱，形成的初期松散絮凝体易于被水力搅拌破碎，形成大量松散细小的絮凝体(图 4.34(a))；当高分子助凝剂投加过量时，其在脱稳颗粒及成核物质表面过量覆盖，在成核物质及脱稳颗粒之间的空隙内簇拥大量伸展程度不同的链状高分子结构，该游离延伸的链状分子阻碍了颗粒的相互聚集，形成的絮凝体存在大量空隙结构且不能抵抗长期的水力搅拌强度，因此絮凝体表现出结构松散的性状(图 4.34(c))。

因此，仅在 PAM 投加量适宜时才可有效促使脱稳颗粒在成核物质表面的吸附聚集及成核物质间的凝聚，且能够强化絮凝体构造，使絮凝体不至于在水力剪切作用下发生破碎，进而脱水达到密实化。

2. 核晶凝聚的水力调控作用

有机物的核晶凝聚造粒混凝过程中，除投加量适宜的高分子助凝剂是完成絮凝过程控制的必要条件外，合适的水力调控也是影响造粒过程的重要条件。通常，混凝过程中的水力搅拌条件不仅影响污染物的去除特性，还影响絮凝体的性状及后续的固液分离过程。水力调控对絮凝体性状的影响主要表现在两个方面(窦国仁，1987，1981)：一方面，初期快速的水力搅拌条件影响混凝剂在水中的混合、扩散速度，适宜的水力条件是确保混凝剂发挥效力的前提；另一方面，慢速水力搅拌条件是影响絮凝体机械脱水、逐步生长、密实化的重要因素，而且这一步是核晶凝聚诱导絮凝体密实化的关键。

理论上，该阶段的搅拌强度越大，絮凝体间通过相互碰撞将内部高次空隙水挤压出的概率越大，形成的絮凝体越密实。然而，絮凝体的形成和破碎是同时存在的，如果水力搅拌强度过大或搅拌历时过长会导致已形成的絮凝体发生破碎，反而不利于絮凝体的密实化。

以压裂废水为实验对象(pH=6.5)，在如前所述的混凝剂、成核剂及 PAM 投加量下(即成核剂选取 $100\sim150\mu m$ 粒径的硅藻土，其投加量为 50mg/L；PAC、PAM 投加量分别为 1.0g/L、10mg/L)，分别就不同快速搅拌、慢速搅拌强度下的絮凝体性状进行分析，讨论水力搅拌条件对核晶凝聚诱导造粒过程的影响。

3. 不同快速搅拌条件对絮凝体性状的影响

在上述各物质投加量下，固定慢速搅拌条件为 60r/min、30min，考察快搅转速分别为 100r/min、200r/min 及 300r/min 下搅拌 1.5min、3min、5min 时絮凝体的性状，结果如下所述。

1) 不同快速搅拌强度下絮凝体的粒径分布变化

在上述不同的快速搅拌条件下进行混凝实验，混凝结束后取一定量的絮凝体样本进行粒径的统计分析，结果如图 4.35 所示。

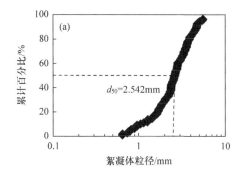
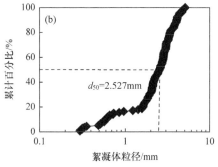

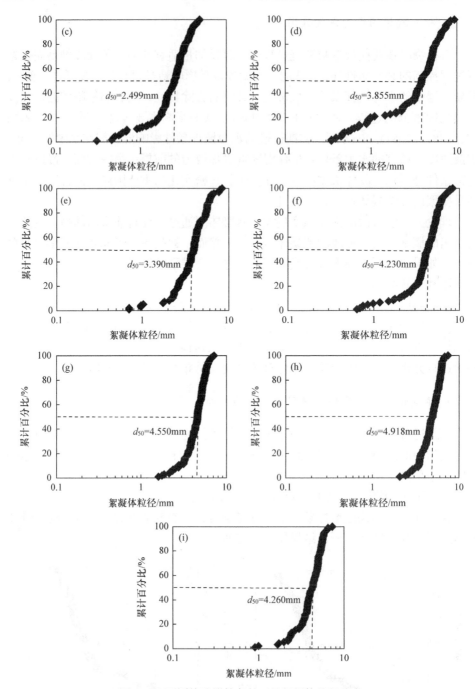

图 4.35　不同快速搅拌条件下的絮凝体粒径分布

(a) 100r/min, 1.5min; (b) 100r/min, 3min; (c) 100r/min, 5min; (d) 200r/min, 1.5min; (e) 200r/min, 3min; (f) 200r/min, 5min; (g) 300r/min, 1.5min; (h) 300r/min, 3min; (i) 300r/min, 5min

从图 4.35 中可以看出，快速搅拌条件对絮凝体的粒径分布具有较大影响。其中，当快搅转速较低时(100r/min)，随着搅拌时间的增加，絮凝体粒径呈现出逐渐降低的趋势，过长的搅拌时间(5min)会导致絮凝体的粒径分布范围变广且不均匀。当搅拌速度增加时，絮凝体粒径呈现出增加的趋势，但高搅拌转速下过长时间的水力搅拌却会造成絮凝体粒径的下降，就快搅转速为 300r/min 而言，絮凝体的粒径呈现先增加后减小的趋势，可见在一定范围内延长搅拌时间对于形成均匀且较大粒径的絮凝体是有利的，但过长时间的高速搅拌反而导致絮凝体粒径分布不均匀。

此外，同等搅拌时间下，随着搅拌转速的增加，絮凝体的粒径分布呈现出不断集中均匀化的趋势。其中，当搅拌转速为 300r/min 时，该强度下的絮凝体粒径分布明显最为集中，说明该强度下的絮凝体粒径分布相对均匀，且絮凝体粒径均较大。由此可以得出，只有在适宜的快速搅拌水力条件下才可形成粒径相对较大且分布均匀的絮凝体，该类絮凝体将更利于实现高效的固液分离，同时达到良好的水质处理效果。

2) 不同快速搅拌强度下絮凝体的分形维数及沉速

按照上述同等条件进行混凝实验，就混凝过程中的现象进行记录，并于混凝结束时取一定数目的絮凝体单体样本进行絮凝体的静水沉降实验，通过计算机采集到的数据分析并计算絮凝体的平均沉速、三维分形维数等，结果如表 4.7 所示。

表 4.7　不同快速搅拌条件下的絮凝体三维分形维数及平均沉速等

搅拌转速 /(r/min)	搅拌时间 /min	三维分形维数 D_3	平均沉速 /(mm/s)	实验现象
	1.5	1.836	5.798	絮凝体均细小松散，上清液均浑浊且残存一定色度
100	3	1.720	5.348	
	5	1.629	5.092	
	1.5	1.968	9.063	有少量较大絮凝体生成，但松散且上清液浑浊，仍残存一定色度
200	3	1.997	9.470	较大絮凝体个数减少，但絮凝体整体松散且分布不均匀，密实化的球状絮凝体较少，上清液较清澈、几乎无色
	5	2.035	10.754	
	1.5	2.205	13.445	絮凝体粒径较大且均匀，呈现密实球状，含少量细小絮凝体，上清液清澈且无色
300	3	2.223	14.139	
	5	2.112	11.004	细小的絮凝体含量增多

通常，由于混凝剂的水解所需时间较短，其扩散过程称为限制混凝剂效力得以发挥的控制步骤。从表 4.7 可以看出，当搅拌转速较小时(100r/min)，即使延长搅拌时间，仍存在混凝剂扩散受限，对体系色度的去除效果不佳。该条件下形成

絮凝体分形维数及平均沉速相对较低，且上清液浑浊，可见低搅拌转速下混凝效果及絮凝体性状均相对较差。当搅拌转速为 200r/min 时，在短时间的搅拌条件下，其效果与低搅拌转速相似，可见混凝剂的扩散及其效力的发挥仍然受限，混凝后上清液水质较差。持续延长搅拌时间，混凝效果明显改善，且絮凝体的分形维数及沉速得到一定程度的提升。当搅拌转速增至 300r/min 时，絮凝体的性状整体得到明显改善，有大量球状密实絮凝体的形成，但随搅拌时间的延长，絮凝体出现部分破碎，产生较多细小絮凝体，且分形维数明显减小。结合图 4.35 中粒径的分布情况可见，300r/min 时一定搅拌时间下絮凝体粒径大而均匀，但当搅拌时间延长时絮凝体分形维数及平均沉速均出现不同程度的下降。

　　综合上述分析可见，制约混凝剂有效扩散并发挥其效力的主要因素应为搅拌转速，搅拌时间对混凝剂效力的发挥影响次之。此外，高转速的搅拌条件有利于形成粒径较大且均匀、沉降性能优越的球状密实絮凝体，但搅拌时间也不宜过长，以 1.5～3min 为宜。

　　3) 不同快速搅拌条件下絮凝体的有效密度

　　图 4.36 为不同快速搅拌条件下絮凝体有效密度的变化情况。从图 4.36 中明显可以看出，快搅阶段搅拌转速较低时，形成的絮凝体较为松散、有效密度较小且

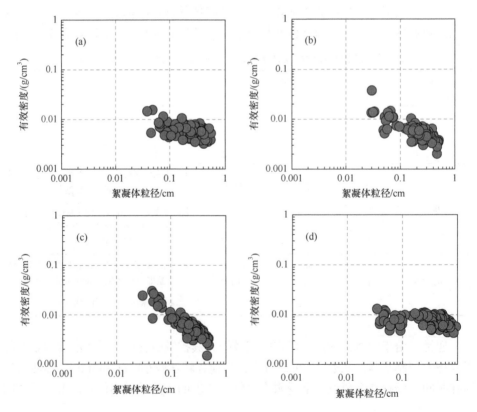

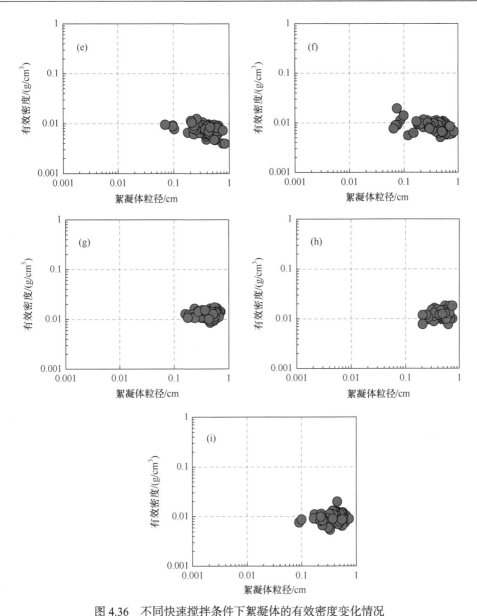

图 4.36 不同快速搅拌条件下絮凝体的有效密度变化情况

(a) 100r/min, 1.5min; (b) 100r/min, 3min; (c) 100r/min, 5min; (d) 200r/min, 1.5min; (e) 200r/min, 3min; (f) 200r/min, 5min; (g) 300r/min, 1.5min; (h) 300r/min, 3min; (i) 300r/min, 5min

不均匀。随着快搅阶段搅拌转速的增加，絮凝体的有效密度不断上升，即絮凝体的密实程度不断增加。同时，在较低搅拌转速下，当搅拌时间不断增加时，絮凝体有效密度却出现下降，且下降幅度较为明显，而高搅拌转速下，絮凝体的有效密度随搅拌时间的延长则并未出现明显下降。

综合对比分析结果可见，取快搅转速为 300r/min，搅拌时间为 1.5～3min 时的絮凝体有效密度较大，絮凝体较为密实，若延长搅拌时间为 5min，虽仍可获得较为密实的絮凝体，但此时能耗较大，且过长时间的搅拌会使部分絮凝体破碎，产生一定量的细小絮凝体，对整体混凝效果不利。综合上述各结果可见，高搅拌转速下不仅利于混凝剂的有效扩散促进有机物的去除，同时也利于密实的球状絮凝体的形成，其搅拌转速宜控制为 300r/min，搅拌时间以 1.5～3min 为宜，过长的搅拌时间则会引起大量细小絮凝体的产生，这是一些絮凝体在长时间搅拌作用下发生了侵蚀或者破裂从而导致絮凝体破碎所产生的。过长的搅拌时间同样也会增加能耗，且不利于后期获得良好的出水水质。该研究结果与初期搅拌条件对腐殖酸絮凝体性状的研究中的结果较为一致。

4. 不同慢速搅拌条件对絮凝体性状的影响

在对上述快速搅拌条件对絮凝体性状影响的基础上，以 300r/min、3min 作为快搅阶段的水力搅拌条件，针对慢速搅拌条件分别为 40r/min、50r/min、60r/min、70r/min、80r/min 时絮凝体的性状进行分析，结果如下所述。

依次在上述慢搅阶段水力条件下进行造粒混凝实验，混凝结束时取一定量絮凝体，就其粒径分布情况统计分析，实验结果见图 4.37。

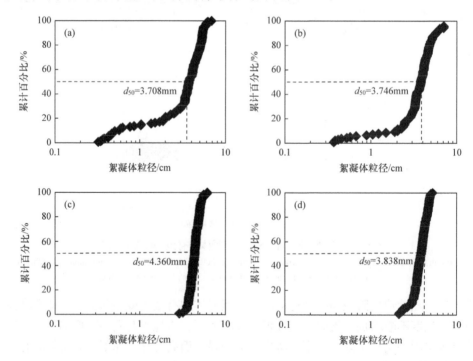

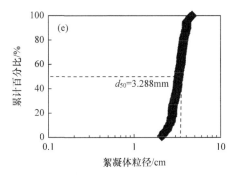

图 4.37　不同慢速搅拌条件下絮凝体的粒径分布

(a) 40r/min；(b) 50r/min；(c) 60r/min；(d) 70r/min；(e) 80r/min

　　由图 4.37 可知，低慢速搅拌强度下，絮凝体的平均粒径较小，且絮凝体粒径分布的范围较广，存在较多粒径较小的絮凝体，絮凝体整体的均一性较差。当慢速搅拌强度不断增加时，絮凝体粒径分布范围较广的现象逐渐得以改善。此外，当搅拌转速高于 60r/min 时，絮凝体的粒径分布范围均较小，絮凝体粒度均一。进一步分析絮凝体的平均粒径可得，随搅拌转速的增加，絮凝体平均粒径先增加至 60r/min 时的 4.360mm 而后出现下降。可见，较高的慢速搅拌强度有利于改善絮凝体的粒度均一性且形成整体粒径较大的絮凝体，但强度过大时，则会引起絮凝体的破碎。

　　对不同慢速搅拌条件下的絮凝体进行自由沉降实验，测定其自由沉速、分形维数等，以表征絮凝体的沉降性能，测定结果见图 4.38。由图 4.38 知，慢速搅拌条件对形成的絮凝体其自由沉速及分形维数同样有着重要影响，二者随慢搅阶段搅拌强度的变化规律一致，均出现先上升至最大值后下降。

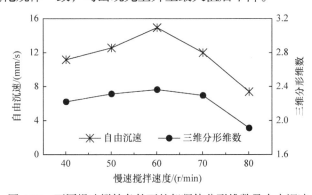

图 4.38　不同慢速搅拌条件下的絮凝体分形维数及自由沉速

　　此外，对絮凝体有效密度分析结果同样也表现出该趋势(图 4.39)。较低的慢搅转速下(40r/min)，形成的絮凝体粒径大小不一，存在较多细小絮凝体，且该细小絮凝体有效密度较低,絮凝体三维分形维数、自由沉速及有效密度分别为 2.221、

11.174mm/s、0.0135g/cm³。当搅拌转速增加至 60 r/min 时，絮凝体粒径较大且均匀，其三维分形维数、自由沉速均达到最大值，分别为 2.331、13.151mm/s。可见转速为 60r/min 时造粒后的絮凝体较为密实且沉降性能等均较优，而从转速大于60r/min 的实验结果来看，造粒后的絮凝体其各项性状参数均出现降低的趋势，且搅拌强度越大，降低越明显。

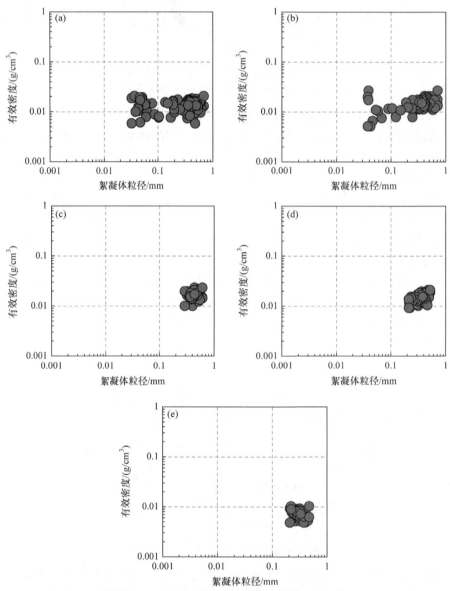

图 4.39 不同慢速搅拌条件下的絮凝体有效密度

(a) 40r/min；(b) 50r/min；(c) 60r/min；(d) 70r/min；(e) 80r/min

根据慢速阶段的水力搅拌条件对核晶凝聚诱导造粒混凝过程的主要影响而言，其强度不应过大或过小。就其在造粒混凝过程中的作用而言，目的在于为絮凝体的有效碰撞提供适宜的条件，将初期絮凝体结合形成的絮凝体内部的高次空隙水挤压出去，使得絮凝体内部发生颗粒重组，从而实现脱水收缩使絮凝体不断密实化的过程。然而，慢速搅拌强度较小时，一方面，其提供的搅拌强度降低，导致絮凝体相互碰撞概率减小，大量絮凝体具有沉降至烧杯底部的趋势而与烧杯底部摩擦导致黏底现象的发生；另一方面，较低搅拌强度下絮凝体的碰撞强度也较低，絮凝体之间相互碰撞挤压出内部高次空隙水，使得最初松散较大的絮凝体逐步脱水形成密实化絮凝体的过程被减弱。

两种因素最终导致一些絮凝体粒径较大但有效密度稍低，且"小絮凝体-小絮凝体"及"小絮凝体-大絮凝体"间的碰撞并结合效率的降低，故体系中絮凝体的粒径分布较广且絮凝体有效密度较低。可见，必须提供一定强度的慢速搅拌条件才能够利于絮凝体间相互碰撞，促使有效的同向絮凝，且通过较高强度的碰撞将絮凝体内部的高次空隙水脱除使絮凝体密实化。

然而，当慢速搅拌条件为 80r/min 时，水力剪切强度过大，超过了微絮凝体在高分子聚合物作用下的黏结力，这使得核晶凝聚过程中形成的初期絮凝体在未完成脱水收缩时即发生了破碎，且破碎后的絮凝体无法再次聚集直至混凝过程完成，故该水力条件下最终的絮凝体表现出松散的构造，其密度较低、性状较差。只有当水力条件控制适宜时(60r/min)，充分有效的搅拌作用使得核晶凝聚的初期微絮凝颗粒发生碰撞不断脱水重组，且微小絮凝体也能有效相互碰撞结合或与较大粒径的絮凝体结合，最终形成粒径均一且密实化的絮凝体。

综合 4.2.1 小节及 4.2.2 小节可见，核晶凝聚诱导造粒过程中的混凝条件，包括高分子助凝剂的投加量及水力调控作用，均会对絮凝体的性状产生重要影响。二者均是造粒过程中的关键控制条件，没有高分子助凝剂的投加或投加过少，脱稳颗粒及成核物质间的凝聚作用减弱，形成的絮凝体仍旧松散且难以抵抗后续的水力剪切作用而发生破碎。

当高分子助凝剂投加量适宜时，可强化脱稳颗粒与成核物质以及已完成脱稳微粒吸附的成核物质间的凝聚并形成初期絮凝体，但如何使得该絮凝体能够有效碰撞、脱水重组、不断密实化则需要通过适宜的水力搅拌条件进行调控，搅拌强度过大或过小也不利于絮凝体的密实化以及获得整体性状良好且均一的絮凝体。

经过上述压裂废水的实验和数据分析可知，高分子助凝剂(PAM)投加量为 10mg/L，水力搅拌条件控制为快速搅拌 300r/min，搅拌时间为 1.5~3min，而慢速搅拌条件适宜控制在 60r/min 将有利于实现良好的核晶凝聚诱导造粒过程。

5. 成核剂的投加点对絮凝效果的影响

除以上各因素外，成核剂如何投加也是工艺中不得不考虑的现实问题。由核晶凝聚作用过程可知，成核剂投加的目的是促进微脱稳颗粒在其表面吸附凝聚，减小空间位阻，促进其成核并进一步在高分子作用与水力调控下使絮凝体密实化。可见成核剂的投加应满足：第一，体系内存在大量已形成的微脱稳颗粒；第二，该微脱稳颗粒未发生大范围的相互凝聚。这意味着成核剂的投加应优先于高分子助凝剂，否则高分子助凝剂使得微脱稳颗粒间优先发生了凝聚，从而阻碍了其在成核剂表面的吸附凝聚过程。

由此可见，成核剂的投加点应为慢搅过程投加高分子助凝剂之前的阶段，考虑到快搅过程中间投加成核剂所造成的投加过程繁琐、可操作性较差等问题，分析对比了快搅开始前后投加高分子助凝剂前两种投加点的处理效果，于絮凝结束后取成核剂不同投加时间点下的絮凝体，分析其粒径分布、有效密度等，结果分别见图 4.40 和图 4.41。

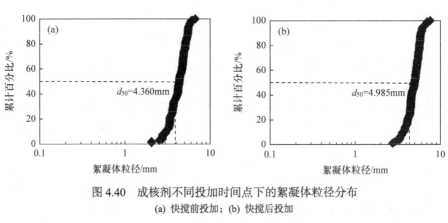

图 4.40　成核剂不同投加时间点下的絮凝体粒径分布
(a) 快搅前投加；(b) 快搅后投加

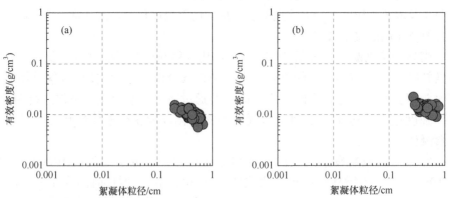

图 4.41　成核剂不同投加时间点下的絮凝体有效密度
(a) 快搅前投加；(b) 快搅后投加

综合图 4.40 及图 4.41 可见,成核剂的投加时间点对核晶凝聚造粒后的絮凝体性状具有一定影响。由图 4.40 可知,成核剂于快搅后投加时形成的絮凝体平均粒径较快搅前投加时稍大,且根据总体絮凝体的粒径分布范围可见,快搅前投加成核剂时形成的絮凝体粒径分布范围稍宽,而快搅后投加成核剂时形成的絮凝体粒径分布范围更为集中,分布较窄,这说明快搅后投加的絮凝体粒径的均一性相对较好。

此外,由图 4.41 可知,成核剂不同投加时间点的絮凝体有效密度存在显微差异,快搅后投加时絮凝体的有效密度较快搅前投加时稍大。此外,快搅前投加时会产生较多粒径稍大但有效密度较低的松散型絮凝体。

对成核剂不同投加点下的絮凝体三维分形维数、自由沉速和粒径均值的测定结果见表 4.8,其絮凝体图像如图 4.42 所示。

表 4.8　成核剂不同投加时间点下絮凝体特性参数

投加时间点	D_3	u 均值/(mm/s)	d_p 均值/mm
快搅前投加	1.9949	12.060	4.3267
快搅后投加	2.1648	14.444	4.9476

图 4.42　成核剂不同投加时间点下的絮凝体图像
(a) 快搅前投加;(b) 快搅后投加

由表 4.8 可以看出,快搅后投加成核剂时形成的絮凝体性状优于快搅前投加成核剂。快搅后投加成核剂时所形成的絮凝体较为密实且粒径均一、沉速较大,絮凝体呈现密实且较大的“球状”构造,且边界整齐,如图 4.42(b)所示;于快搅前投加成核剂时所形成的絮凝体明显性状较差,絮凝体边界粗糙、性状较差、密度较低,如图 4.42(a)所示。

快搅前投加成核剂时,由于铝盐混凝剂及其水解产物在促使形成有机物微脱稳的同时,也改变了成核物质表面的电荷情况,阻滞了成核物质与微脱稳颗粒间的吸附凝聚,形成的絮凝体性状较差(刘颖,2018)。

针对上述问题,以有机物核晶凝聚强化混凝为目的,所添加的成核剂投加点应设置于快速搅拌结束之后与慢速搅拌投加高分子助凝剂之前这一时间节点,从而强化成核剂与准脱稳态有机微粒间的成核作用。

4.4　微气泡气浮技术

4.4.1　微气泡气浮技术简介

　　微气泡气浮技术强化固液分离的基本原理是利用系统在水中产生高度分散的微气泡，与目标去除物及其聚合体结合，形成表观密度小于水的气载絮凝体，气载絮凝体在浮力作用下上浮到液相表面形成稳定的浮渣层，并最终随着浮渣层的去除从液相主体中分离，有效提升了液相中难以自然沉降悬浮物的分离效果 (Wei et al., 2023)。在气载絮凝体中，若微气泡包含在絮凝体内部，上浮过程不会脱落，且其形成浮渣后不易下沉，即为理想气载絮凝体，如图 4.43 所示。微气泡是否能附着在絮凝体上是气浮处理成败的关键。

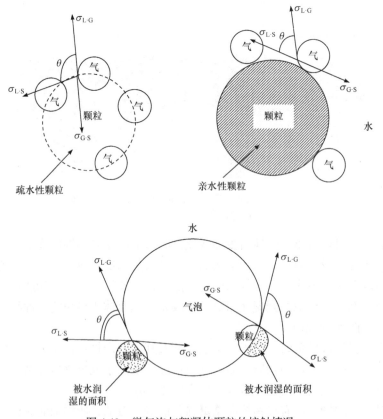

图 4.43　微气泡与絮凝体颗粒的接触情况

当气泡附着在固体颗粒上时，固-气、固-水与水-气三个界面间的表面张力 $\sigma_{G \cdot S}$、$\sigma_{L \cdot S}$ 与 $\sigma_{L \cdot G}$ 之间存在下列关系：

$$\sigma_{G \cdot S} - \sigma_{L \cdot S} = \sigma_{L \cdot G} \cos \theta \tag{4.5}$$

式(4.5)被称为杨氏方程。杨氏方程给出固体颗粒附着在水-气泡界面的条件，即 $\sigma_{G \cdot S}$、$\sigma_{L \cdot S}$ 与 $\sigma_{L \cdot G}$ 三个表面张力值间能形成一个大于 90° 的接触角 θ。研究表明，可通过控制 ζ 电位来实现平衡接触角的最大化，即通过调节混凝剂的投加量。通过测量混凝剂不同投加量下形成的絮凝体的 ζ 电位及其对条件下应形成的气载絮凝体的平衡接触角，通过平衡接触角来表征不同 ζ 电位对气载絮凝体的影响。ζ 电位过高，即混凝剂投加量过大，会使得絮凝体粒径过大，不利于气浮分离；ζ 电位过低，水中胶体颗粒没有完全脱稳，粒径过小，不利于微气泡的黏附。

4.4.2　不同工况对气载絮凝体粒径的影响

气载絮凝体是气浮反应重要组成部分，是气浮反应中固液分离效率的主要影响因素，大量尺寸合适且分布均匀的微气泡可以提高微气泡和絮凝体的接触面积，使其更易进入絮凝体内部空隙，形成理想的气载絮凝体，从而提高气浮反应性能。为了直观地看出混凝剂对气载絮凝体粒径的影响，分别对混凝剂投加量为 20mg/L、40mg/L、60mg/L 和 80mg/L 时产生的气载絮凝体进行统计分析。图 4.44 为不同混凝剂投加量下产生的气载絮凝体粒径分布，可以看出，随着混凝剂投加量的增加，气载絮凝体粒径增大。气载絮凝体粒径越大，气浮反应处理效果越好。因此，气浮反应的处理效果与气载絮凝体粒径有密切的关系。影响气浮反应的因素还有溶气压和回流比，为了对气载絮凝体有更深入的研究，本小节采取分别控制溶气压、回流比和 ζ 电位，考察这些因素对气载絮凝体粒径的具体影响。

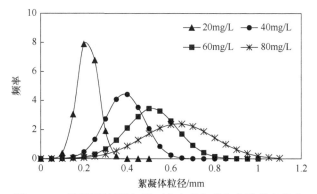

图 4.44　不同混凝剂投加量下产生的气载絮凝体粒径分布

1. ζ 电位对气载絮凝体的影响

在气载絮凝体中，若微气泡包含在絮凝体内部，上浮过程不会脱落，且其形成浮渣后不易下沉，即为理想气载絮凝体。为此，为达到良好的混凝效果，微气泡要尽可能多地碰撞黏附于絮凝体。

　　研究表明，微气泡能否与絮凝体发生有效结合，主要影响因素为絮凝体的表面性质，若絮凝体易被水润湿，则为亲水性，反之为疏水性，而絮凝体润湿程度常用平衡接触角表示。图 4.45 为不同ζ电位下气载絮凝体平衡接触角变化。由图 4.45 可知，当ζ电位为负值时，气载絮凝体平衡接触角小于 90°，随着混凝剂投加量的增加，ζ电位由负值变为正值，气载絮凝体平衡接触角由锐角向钝角转变。观察发现，气载絮凝体平衡接触角在等电点 A 附近发生明显变化，在等电点 A 之后变化趋势有所减缓，但在ζ电位到达 17mV 时平衡接触角突然增大至110°，最终保持稳定。为进一步研究，拍摄如图 4.46 所示不同脱稳状态下气载絮凝体照片，其中图 4.46(a)、(b)、(c)和(d)分别为是ζ电位为–2mV、8mV、17mV和 20mV 时的气载絮凝体。分析可得，ζ电位在–2mV 时，混凝剂投加量不足而导致未能有大片絮凝体形成，形成的气载絮凝体如图 4.46(a)所示，絮凝体小而少，且无法与微气泡进行充分的吸附结合；随着混凝剂投加量增多，ζ电位由负值变为正值，平衡接触角由小于 90°逐渐变为大于 90°，介于 95°～100°，絮凝体逐渐变大，但整体仍处于稀疏状态，如图 4.46(b)所示；当混凝剂的投加量达到 60mg/L时，即ζ电位为 17mV 时，平衡接触角迅速增大，之后达到平稳，此时絮凝体能够与多数微气泡结合，形成较大的气载絮凝体，如图 4.46(c)所示。

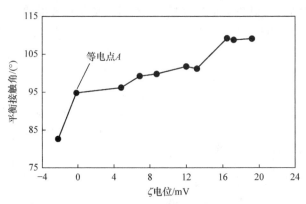

图 4.45　不同ζ电位下气载絮凝体平衡接触角变化

2. 溶气压对气载絮凝体的影响

　　为了探究溶气压对气载絮凝体的影响情况，通过对 4 种混凝剂投加量在不同溶气压下产生的气载絮凝体进行显微拍摄，在每种工况下至少选择 300 个样本通过软件对其进行测量，得到絮凝体粒径分布如图 4.47 所示，其中图 4.47(a)、(b)、(c)和(d)分别是混凝剂投加量为 20mg/L、40mg/L、60mg/L 和 80mg/L 时所产生的

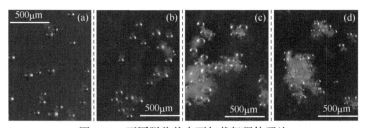

图 4.46　不同脱稳状态下气载絮凝体照片

(a) ζ电位为–2mV；(b) ζ电位为 8mV；(c) ζ电位为 17mV；(d) ζ电位为 20mV

气载絮凝体粒径分布。

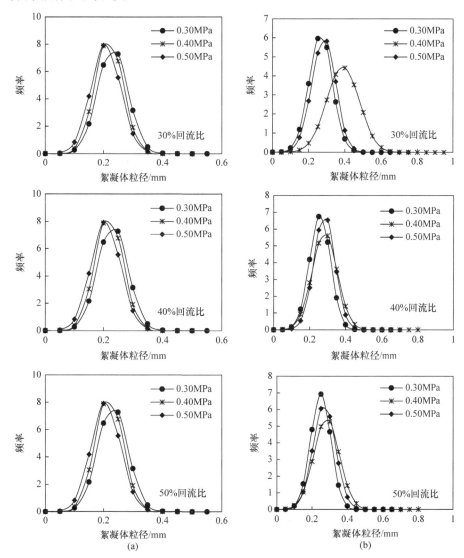

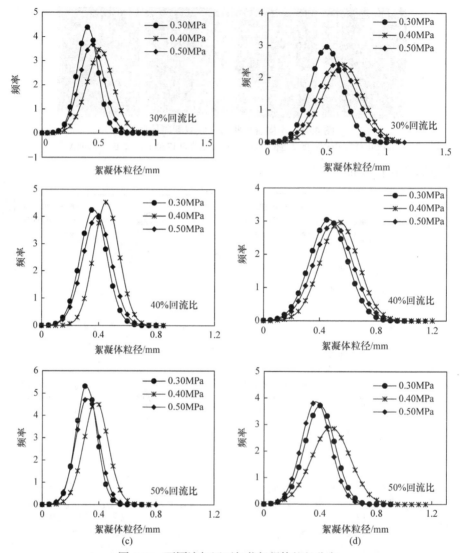

图 4.47　不同溶气压下气载絮凝体粒径分布

(a) 混凝剂投加量为 20mg/L；(b) 混凝剂投加量为 40mg/L；(c) 混凝剂投加量为 60mg/L；(d) 混凝剂投加量为 80mg/L

　　分析图 4.47 可得，当混凝剂投加量为 60mg/L 时，溶气压为 0.30MPa 时气载絮凝体粒径分布在 0.30～0.50mm，平均粒径为 0.40mm；溶气压为 0.40MPa 时气载絮凝体粒径分布在 0.40～0.65mm，平均粒径为 0.56mm；溶气压为 0.50MPa 时气载絮凝体粒径分布在 0.35～0.55mm，平均粒径为 0.44mm。对比得到溶气压为 0.40MPa 时气载絮凝体粒径最大。分析原因，此时混凝剂的投加量最为合适，经过混凝反应后形成的絮凝体数量多、结构好，且此工况下的微气泡尺寸小。一方面微气泡易于黏附在絮凝体上，另一方面也容易进入絮凝体的空隙中被完全包覆，又不会对絮凝体结构造成破坏，故此时形成的气载絮凝体不仅粒径大、结构好，而且在分离区更易发生固液分离。在该工况下气浮效果相较之前大大提升，如图 4.47(c)所示。在其他回流比的情况下进行相同条件实验，可以得到与此一致的结果。

总的来说，在混凝剂投加量足够、回流比固定不变的情况下，随着溶气压的上升，微气泡尺寸变小，气载絮凝体平均粒径增大，但过高的溶气压则会起到相反的作用。综上可得，气浮反应中溶气压为 0.40MPa 最为适宜，此时气载絮凝体粒径最大，对浊度的去除效果最优。

3. 回流比对气载絮凝体的影响

回流比是影响气浮反应的一个重要因素，为了探究回流比对气载絮凝体的影响情况，通过对固定溶气压和不同回流比产生的气载絮凝体进行显微拍摄，在每种工况下至少选择 300 个样本通过软件对其进行测量，以 60mg/L 的投加量、0.40MPa 溶气压分析回流比对气载絮凝体粒径分布的影响，如图 4.48 所示。

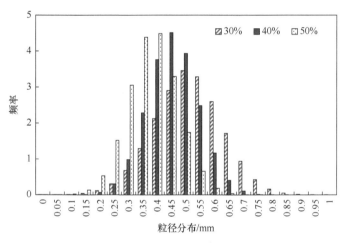

图 4.48　不同回流比对气载絮凝体粒径分布的影响

分析可得，回流比对气载絮凝体的影响规律表现为随着回流比的增大，微气泡的数量浓度增大，随之引发微气泡的聚并作用加剧，使微气泡尺寸增大，与絮凝体颗粒吸附结合的情况变差，气载絮凝体粒径变小。因此，微气泡上升速度较慢，在分离区停留时间较长，不能及时做到固液分离，影响气浮反应去除效果(刘颖，2018)。

4.4.3　固液分离效果评价

为了验证通过 ζ 电位和气载絮凝体的平衡接触角确定的混凝剂最适投加量是

否准确，分别对混凝剂投加量为 20mg/L、40mg/L、60mg/L 和 80mg/L 的废水浊度去除率进行测定。图 4.49 为混凝剂不同投加量下的废水浊度去除率。由图 4.49 可以清晰地看出，投加量为 60mg/L 和 80mg/L 的情况明显优于投加量为 20mg/L 和 40mg/L 的情况。图 4.50 为混凝剂投加量为 60mg/L、ζ 电位为 17mV 的最优工况，不同回流比及溶气压条件下，气浮工艺对措施废液浊度的去除效果。由图 4.50 可知，在溶气压为 0.40MPa，回流比为 50%时，废水的浊度去除效果最佳。

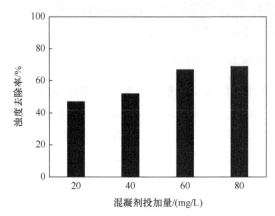

图 4.49　混凝剂不同投加量下的废水浊度去除率

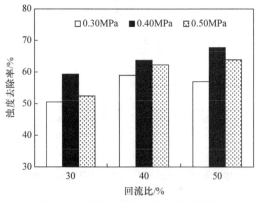

图 4.50　最优工况下废水浊度去除率

参 考 文 献

窦国仁, 1981. 紊流力学(上)[M]. 北京: 人民教育出版社.

窦国仁, 1987. 紊流力学(下)[M]. 北京: 人民教育出版社.

刘颖, 2018. 絮凝体表面物化特性调理与微气泡作用机制[D]. 西安: 西安建筑科技大学.

王晓昌, 丹保宪仁, 2000a. 絮凝体形态学和密度的探讨——从絮凝体分形构造谈起[J]. 环境科学学报, 20(3): 257-262.

王晓昌, 丹保宪仁, 2000b. 絮凝体形态学和密度的探讨(Ⅱ)——致密型絮凝体形成操作模式[J]. 环境科学学报, 20(4): 385-390.

王晓昌, 金鹏康, 2015. 水中胶体物的混凝原理与应用[M]. 北京: 科学出版社.

张瑶瑶, 2015. 油田压裂废水的核晶凝聚诱导造粒混凝技术研究[D]. 西安: 西安建筑科技大学.

QU Y, FAN D, LI F, et al., 2023. Exfoliating Kaolin to ultrathin nanosheets with high aspect ratio and pore volume: A comparative study of three kaolin clays in China[J]. Applied Surface Science, 635: 157778.

TAMBO N, WATANABE Y, 1979. Physical aspect of flocculation process—Ⅰ: Fundamental treatise[J]. Water Research, 13(5): 429-439.

WEI Z, SUN W, HAN H, et al., 2023. Flotation chemistry of scheelite and its practice: A comprehensive review[J]. Minerals Engineering, 204: 108404.

第5章 富集污染物的生物工程技术

5.1 含油污泥污染物基本性质

5.1.1 含油污泥理化特征

含油污泥指油田钻井、试油、压裂、修井等措施作业过程中，原油或污油水散落井场地面造成的油泥污染物。落地原油或污油水与井场土壤、砖、瓦、砂、石及生活垃圾混合形成高黏度、不流动、难以分离的混合物,其含油量一般为5%～15%、密度为1.8～2.5t/m³,其中难降解的多环芳烃,非烃类的环烷酸、酚类、杂环氮化物、杂环硫化物,胶质,沥青质是主要的环境污染物(朱秀荣, 2015)。

由于油田散布于黄土塬农业区中,土壤中速效钾是肥力的重要表征参数,总氮、有效磷、有机质既是土壤肥力表征参数, 又是油污土壤微生物降解所需的氮源、磷源和碳源(雷志伟, 2013)。对长庆油田典型作业含油污泥取样分析可知(表5.1), 平均pH为7.54,弱碱性有利于微生物降解；总氮量较低,平均为0.49g/kg, 有机质含量低, 平均为 3.77%, 土壤较为贫瘠；此外, 有效磷、速效钾的含量也远远低于微生物降解所需要的氮磷含量。

表 5.1 含油污泥理化特征

编号	含油量/%	有效磷含量/(mg/kg)	总氮/(g/kg)	EC*/(mS/cm)	速效钾含量/(mg/kg)	有机质含量/%	pH	干物质质量占比/%
1	5.61	1.16	0.31	0.59	91.46	3.69	7.86	97.36
2	6.47	2.58	0.41	0.89	31.12	2.54	8.06	95.73
4	6.55	2.27	0.48	1.00	61.45	2.21	7.98	94.97
5	6.77	1.98	0.37	0.15	76.39	3.98	7.88	97.30
6	7.88	3.27	0.58	1.89	62.98	3.49	7.90	96.25
7	9.05	18.79	1.18	2.05	67.21	4.67	6.87	87.14
8	10.38	14.72	0.21	2.38	507.70	5.22	6.83	88.95
9	11.23	2.66	0.42	0.28	80.24	2.63	7.91	96.16
11	11.48	15.14	0.76	2.34	319.30	5.69	6.84	90.59
12	12.51	6.32	0.25	3.45	521.70	7.49	6.71	89.17
13	17.29	3.01	0.65	0.76	59.99	4.53	7.88	94.60
15	3.82	3.37	0.51	0.15	56.92	2.12	8.31	97.85

续表

编号	含油量 /%	有效磷含量 /(mg/kg)	总氮 /(g/kg)	EC*/(mS/cm)	速效钾含量 /(mg/kg)	有机质含量/%	pH	干物质质量 占比/%
17	3.97	64.62	0.44	2.37	604.00	3.54	6.90	87.00
18	3.99	3.36	0.56	0.67	60.01	2.95	7.84	97.81
20	4.57	17.69	0.78	2.15	350.40	3.52	7.11	90.60
22	5.05	57.92	0.29	1.20	538.60	4.65	6.83	96.67
24	5.20	5.34	0.58	0.44	70.58	2.13	7.96	92.68
25	5.56	46.60	0.20	1.38	577.70	4.11	6.94	96.55
26	2.65	3.04	0.41	0.14	85.42	3.16	7.97	98.73
28	2.79	2.83	0.31	0.11	79.48	2.98	8.25	97.58
平均	7.14	13.83	0.49	1.22	215.13	3.77	7.54	94.18

注: *本章 EC 表示可溶性盐浓度。

5.1.2 含油污泥中石油烃组分特征

含油污泥中污染物的赋存特性是确定针对性处理工艺关键所在。如表 5.2 所示,含油污泥中饱和烃含量平均为 46.64%,芳烃含量平均为 33.22%,非烃含量平均为 7.91%,沥青质含量平均为 9.89%,样品中以易被微生物利用的烃类物质为主,饱和烃含量最高为 58.30%,可为微生物治理提供充足的碳源基质。进一步对原油样品和含油污泥样品进行全烃气相色谱图检测可知(图 5.1~图 5.3),井场原油出峰范围在 C_6~C_{34},其主峰为 C_{13}。油泥样品出峰范围在 C_{13}~C_{36},除 25 号样品主峰在 C_{31} 外,其余在 C_{20}~C_{23},说明石油进入土壤后,C_6~C_{12} 物质很少,可能是挥发作用或者微生物降解等原因造成的。

表 5.2 组分检测结果 (单位: %)

检测项目	样品编号								平均
	1	2	3	4	5	6	7	8	
含油量	5.12	3.08	6.04	19.84	3.19	5.41	4.58	4.52	6.47
饱和烃含量	45.00	46.63	46.87	51.80	58.30	40.07	41.27	43.15	46.64
芳烃含量	32.39	35.85	35.69	32.02	25.79	34.40	34.39	35.21	33.22
沥青质含量	5.94	8.82	7.28	5.94	6.18	11.38	19.72	13.87	9.89
非烃含量	11.44	8.34	6.71	3.76	6.29	9.40	11.17	6.20	7.91

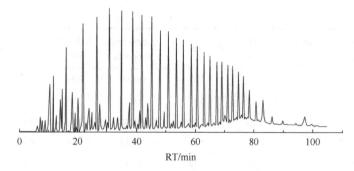

图 5.1　井场原油样品全烃气相色谱图

RT 为保留时间(retention time)，也就是出峰时间

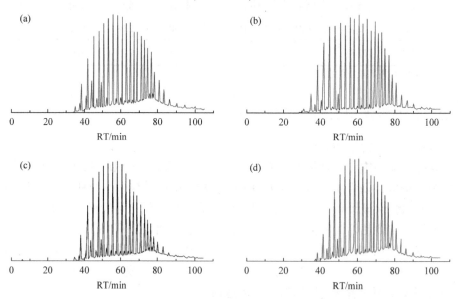

图 5.2　含油污泥样品全烃气相色谱图 I

(a) 1 号含油污泥样品；(b) 2 号含油污泥样品；(c) 3 号含油污泥样品；(d) 4 号含油污泥样品

同时，含油污泥样品的出峰时间和主峰较之井场原油样品出现拖后现象，表明在环境中，随碳原子数量的增加，降解的难度也随之增加(刘五星等，2015；唐景春，2014)。

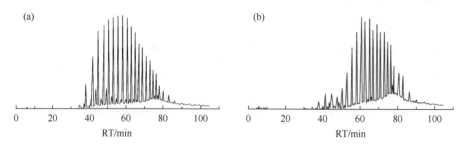

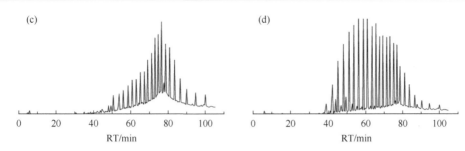

图 5.3　含油污泥样品全烃气相色谱图 II

(a) 5 号含油污泥样品；(b) 6 号含油污泥样品；(c) 7 号含油污泥样品；(d) 8 号含油污泥样品

5.1.3　含油污泥微生物群落结构和多样性分析

含油污泥中本源微生物种群分布特征是影响污染物降解处理效率的重要因素，通过提取含油污泥中微生物的 DNA，并进行聚合酶链式反应(polymerase chain reaction，PCR)扩增及变性梯度凝胶电泳(denatured gradient gel electrophoresis，DGGE)，可揭示本源微生物群落的结构和多样性(祁燕云等，2019)。如表 5.3 所示，从培养基样品及土壤样品中共分离得到 20 个主要条带，对于被石油污染多年的油泥土样，在 DGGE 分离谱图上只有 2 个条带，而从短期污染土样提取 DNA 进行 DGGE 分析可获得至少 6 个条带，而培养基样品呈现出纯培养所获得的条带少于直接从土样提取微生物 DNA 所获得的条带数。

表 5.3　培养基样品及土壤样品中细菌基因组 PCR 产物琼脂糖凝胶电泳表

条带	样品									
	a 长期污染	b 长期污染	c 短期污染	d 短期污染	e 短期污染	f 培养基样品	g 培养基样品	h 培养基样品	i 培养基样品	j 培养基样品
1			+	+	+				+	
2						+				
3					+				+	
4						+++	+++	++	++	++
5	+	++	++	+	+	+	+	++	+++	++
6	+	+	++	+	+	+++	++	+	++	++
7			+			+				
8			+	+	+					
9			+		+					
10			+	+	+					
11										

续表

条带	样品									
	a长期污染	b长期污染	c短期污染	d短期污染	e短期污染	f培养基样品	g培养基样品	h培养基样品	i培养基样品	j培养基样品
12								+		
13										++
14									+	++
15								+	+	++
16								++		
17										
18							+	+		
19								++		
20							+	+		

注："+"表示电泳条带亮度，"+"数目越多条带亮度越高。

从土壤样品的条带分布情况可以看出，短期污染的土壤微生物群落多样性情况良好，虽然石油会对原来土壤中的微生物产生导致其他类型菌群的消减作用，但由于污染时间不长，土壤中的大多数微生物菌群并没有被完全抑制，可以井场土壤中微生物种类为基础，对石油降解菌进行培养和优化，提高处理效果，加速对含油污泥中原油的降解。长期被石油污染土壤的微生物多样性较差，这可能是因为经过长期的自然选择过程，适合重度石油污染的菌群占据了绝对优势(詹研，2008)。

5.2　石油烃降解菌的分离筛选及功能菌群构建

5.2.1　石油烃降解菌的分离筛选

通过对长庆油田典型作业区含油污泥样品中的本源微生物进行富集分离，采用选择性特异培养基驯化培养对直链烷烃、环烷烃和芳烃三种烃类具有降解能力的菌株以及具有产生表面活性剂能力的菌株，筛分出以细菌、放线菌、真菌为主的降解菌群(杨茜等，2014)。但是，在土壤及其他生态环境中，细菌较放线菌和真菌具有种类多、繁殖快、比表面积大、代谢类型丰富、代谢速度快及培养操作简单等很多优点(李宝明，2007)，因此利用石油烃降解细菌可更易实现含油污泥的高效处置。

采用含有正十六烷或环己烷的两种选择性液体培养基筛选直链烃降解菌与环烷烃降解菌，采用平板升华法筛选芳烃降解菌，通过三种不同的选择性培养基分别筛选得到直链烷烃降解菌 22 株、环烷烃降解菌 12 株、芳烃降解菌 2 株(郑金秀等，2006)。由表 5.4 可知，其中直链烷烃降解菌中菌株 SYC-2、SYC-18、SYC-6、SYC-9、SYC-12、SYC-15 的石油烃降解能力均较强，在装液量 100mL、菌液接种量 4mL、石油浓度 0.5%的液体无机盐培养基中，5d 内石油烃降解率分别达到 40.5%、42.7%、60.8%、53.0%、56.3%、56.5%；环烷烃降解菌中菌株 SYC-15 的石油烃降解能力最强且能同时利用直链烷烃，其石油烃降解率在 5d 内达到 56.5%。

表 5.4　部分菌株的石油降解率及其功能

菌株编号	石油烃降解率/%	直链烷烃利用率	环烷烃利用率	芳烃利用率	产表面活性剂
SYC-2	40.5	++	+	−	−
SYC-6	60.8	+++	−	−	−
SYC-9	53.0	+++	+	−	−
SYC-12	56.3	++	+	−	−
SYC-19	9.5	+	−	++	−
SYC-28	12.6	+	−	++	−
SYC-5	35.0	+	−	−	+
SYC-18	42.7	+	−	−	+
SYC-15	56.5	++	++	−	−

注："+"表示能利用，"−"表示不能利用，"+"数目越多利用率越高。

5.2.2　石油烃降解功能菌群构建

已有研究表明，混合多种菌能提高对原油的降解率(武洪杰等，2010)。因此，根据石油本身的特性，选择多种功能微生物构建石油烃降解微生物菌群，应遵循以下构建原则(李宝明，2007)。

(1) 选择具有不同功能和特性的菌株构建菌群，使菌群中分别含有直链烷烃降解菌、环烷烃降解菌、芳烃降解菌及产表面活性剂菌。

(2) 选择石油烃降解效果稳定且降解效果较好的菌株构建菌群。

(3) 选择产表面活性剂性状稳定且生长速度较快的菌株构建菌群。

(4) 针对不同油田的含油污泥组分特征构建菌群。

根据以上原则及方法确定正交组合方案，选择上述筛选到的不同烃类降解菌及产表面活性剂菌，采用正交组合的方法构建石油降解微生物菌群，共设计了 12 个组合方案(表 5.5)。依据此实验方案，在装液量 100mL、菌液总接种量 4mL、石油浓度 5%的液体无机盐培养基中，结合各菌株不同接种比例正交实验，降解 5d，筛选出不同油田降解率最高的菌群。结果显示，降解率最高可以达到 75.5%，比单一菌株在相同条件下提高了约 15%(表 5.6)。可见，不同的含油污泥组分有不同的最优降解菌群组合，各菌种投加量的变化对菌群的降解率也有影响，因此采用适当的混合菌株有利于获得更好的降解效果。

表 5.5　菌株组合实验设计方案

菌株组合编号	菌株组合编号
CQ1：SYC-2、SYC-22、SYC-35、SYC-28	CQ7：SYC-2、SYC-18、SYC-35、SYC-28
CQ2：SYC-5、SYC-22、SYC-35、SYC-28	CQ8：SYC-5、SYC-18、SYC-35、SYC-28
CQ3：SYC-6、SYC-22、SYC-35、SYC-28	CQ9：SYC-6、SYC-18、SYC-35、SYC-28
CQ4：SYC-9、SYC-22、SYC-35、SYC-28	CQ10：SYC-9、SYC-18、SYC-35、SYC-28
CQ5：SYC-12、SYC-22、SYC-35、SYC-28	CQ11：SYC-12、SYC-18、SYC-35、SYC-28
CQ6：SYC-15、SYC-22、SYC-35、SYC-28	CQ12：SYC-15、SYC-18、SYC-35、SYC-28

表 5.6　不同油田最佳降解菌株组合构建结果

油田	菌株组合	各菌株接种体积比	降解率/%
陇东	CQ4：SYC-9、SYC-22、SYC-35、SYC-28	1.5：1：1：0.5	75.5
安塞	CQ1：SYC-2、SYC-22、SYC-35、SYC-28	2：1：0.5：0.5	70.5
绥靖	CQ2：SYC-5、SYC-22、SYC-35、SYC-28	1.5：1：1：0.5	71.0
姬塬	CQ6：SYC-15、SYC-22、SYC-35、SYC-28	2.5：0.5：0.5：0.5	73.5

5.2.3　菌群降解影响因素

　　pH、盐度、温度和通气量是影响石油烃降解菌效力的关键因素，对不同因素下石油烃降解菌降解效率进行研究可知(图 5.4～图 5.7)，菌群最适的 pH 范围为 7～8；各菌株在 1%盐度下生长良好，降解率最高，随着盐度的增加，菌株的生长逐渐受到抑制，当盐度超过 10%后，大部分菌株生长受到明显抑制；降解菌株

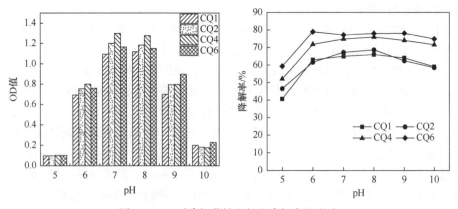

图 5.4　pH 对降解菌株生长和降解率的影响

在 20～30℃生长良好，30℃左右降解率均超过 60%，当温度超过 35℃，降解率迅速下降；菌群的降解效率随通气量的增加而提高，证明在石油降解的过程中充足的氧气作为重要的电子供体可以促进石油烃的降解(江闯等，2018)。OD 值为光密度(optical density)，表示被检测物吸收的光密度。

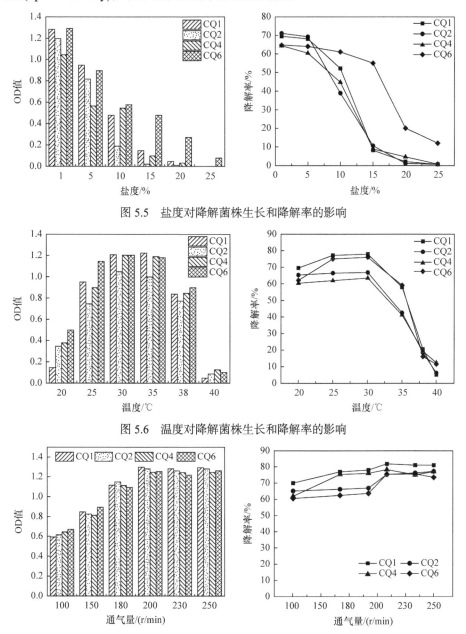

图 5.5　盐度对降解菌株生长和降解率的影响

图 5.6　温度对降解菌株生长和降解率的影响

图 5.7　通气量对降解菌株生长和降解率的影响

5.3　石油烃降解菌群降解强化工艺

由于影响石油烃降解菌群降解的营养元素、通气量、温度等不同因素间具有相互促进、相互制约的作用机制，因此将各因素的相互影响定量化，探求促进正向作用、抑制负向作用的途径，为各因素制定适宜的施用时间序列，是最大程度地加快石油烃降解菌群代谢速度的重要手段。

5.3.1　营养物质投加的影响

氮、磷元素的投加量对石油烃的微生物降解影响较大，已有研究表明，氮和磷是微生物新陈代谢和繁殖所必需的营养物质。在未被污染的土壤中，微生物的数量、活性和营养物质含量处在动态平衡之中，而当土壤被石油烃污染后，碳源过量存在，氮、磷元素往往成为微生物高活性的限制性因素，同时氮、磷元素的种类也是影响石油烃微生物降解能力的重要因素之一。

因此，将不同种类的氮源和磷源投加到 11 组石油烃的降解菌群体系中，经过 10d 降解过程分析其石油烃剩余量，结果如表 5.7 所示(初始原油石油烃量为 300mg)，不同种类的氮源、磷源对石油烃的微生物降解过程产生了显著的影响。$1^{\#}$、$6^{\#}$体系中的氮源 NH_4HCO_3 和$(NH_4)_2CO_3$ 挥发性很强，在降解的过程中难免会因摇床的摇动发生氨的挥发，从而引起氮源的供给不足，因此它们的石油烃剩余量较多。$8^{\#}$、$9^{\#}$反应体系中的石油烃剩余量与 $1^{\#}$、$11^{\#}$相比明显较少，由此可以得出 $H_2PO_4^-$ 中的磷元素比 HPO_4^{2-}中的磷元素更有利于微生物的利用。$8^{\#}$反应体系的石油烃剩余量最小，石油烃的去除率最高，因此可以分析当氮源为$(NH_4)_2SO_4$、磷源为 NaH_2PO_4 时石油降解效果最好。当氮含量 0.9%～1.5%时，磷含量 0.06%～0.15%，菌群对石油烃降解率较高。

表 5.7　不同种类和配比的氮源、磷源条件下降解石油烃的结果

编号	氮源	磷源	石油烃剩余量/mg
$1^{\#}$	NH_4HCO_3	NaH_2PO_4	207.90
$2^{\#}$	KNO_3	NaH_2PO_4	196.70
$3^{\#}$	NH_4Cl	NaH_2PO_4	204.87
$4^{\#}$	$NaNO_3$	NaH_2PO_4	196.70
$5^{\#}$	H_2NCONH_2	NaH_2PO_4	190.34
$6^{\#}$	$(NH_4)_2CO_3$	NaH_2PO_4	193.67
$7^{\#}$	NH_4NO_3	NaH_2PO_4	187.62
$8^{\#}$	$(NH_4)_2SO_4$	NaH_2PO_4	184.59

续表

编号	氮源	磷源	石油烃剩余量/mg
9#	NH_4NO_3	KH_2PO_4	192.16
10#	NH_4NO_3	K_2HPO_4	202.75
11#	NH_4NO_3	Na_2HPO_4	203.96

此外，由于氨态氮易于流失，在油泥中投加同样量的氮肥，改变投加过程及投加时间也会产生不同的石油烃降解效果。因此，设计并对比四种不同投加过程与时间：①尿素用量为 100：3，分两次平均加入，相隔 15d；②尿素用量为 100：3，分两次平均加入，第一次加总量的 65%，相隔 15d，第二次加 35%；③尿素用量为 100：3，分三次平均加入，10d 加一次，每次加总量的 1/3；④一次加入。上述氮肥投加方案降解实验结果如表 5.8 所示。

表 5.8　氮肥投加方案降解实验结果

投加方案	含油量/%	降解率/%	菌落数/(10^8CFU/g)
空白	14.31	14.7	0.16
处理 1	9.80	41.6	42.00
处理 2	9.05	46.0	45.00
处理 3	10.44	37.7	50.50
一次加入	9.82	41.4	58.00

不同投加方案下油泥的降解率有一定区别，处理 2 方案效果较好，其投加过程、微生物的生长规律及原油降解过程是相符的，即在初期油泥中含油量高，微生物生长速度快，降解活性高，所需的营养成分也较多，一段时间后含油量降低，微生物的生长也趋缓，所需营养物质质量同样下降。营养物质一次加入时可满足微生物前期生长需要，但因为氮类营养物质易流失，在后期营养物质的含量可能跟不上微生物生长的需要，所以效果不如处理 2。处理 1 分两次平均加入，在微生物生长前期导致营养物质不足，使降解过程有所延缓，后期营养物质充分，最终效果与一次加入相当。处理 3 的方案导致前期营养物质严重不足，与微生物的生长规律不协调，降解效果差。因此，在现场实际操作过程中，可在首次加入微生物后投加所需氮源总量的 70%，在处理过程中，根据现场取样分析结果确定需补加的氮源量。

5.3.2　膨松剂种类的影响

由于含油污泥本身具有一定黏性，在油泥中投加膨松剂可在一定程度上提高含水率和含氧量，还可增加微生物与石油烃的接触效率。通常，稻壳、麸皮、秸秆、锯末均为常见膨松剂，但其对于含油污泥处置的影响效果各不相同。如图 5.8 所示，膨松剂的加入均可使细菌总数增加，但长期来看，锯末的投加效果最好，可使细菌总数始终保持在较高水平，有利于对石油烃的降解，而且锯末又是易于被微生物降解的天然有机物，可作为石油烃降解过程中的共代谢底物。

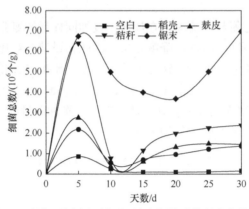

图 5.8　投加不同膨松剂后土壤中细菌总数的变化情况

在选定锯末作为膨松剂后，以其投加量分别为绝对干土质量的 0.5%、1%、2% 和 4% 进行最佳投加工况分析。如图 5.9 所示，随着锯末投加量的增加，样品中含油量呈下降趋势，投加量由 0.5% 增加至 2% 时，含油量由 32.7mg/g 降到 27.4mg/g，但当投加量超过 4% 时，石油烃降解效果下降。说明膨松剂投加量达到一定程度后，油泥中空隙率已达到微生物降解石油烃所需的峰值，继续增大投加量使得微生物数量增加，但增加的微生物主要以膨松剂为碳源，从而导致石油烃降解率降低。因此，膨松剂的投加量不宜过多，1%～2% 的投加量较为合适。

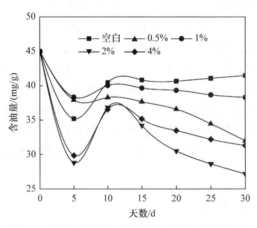

图 5.9　不同锯末投加量条件下含油量变化情况

5.3.3　含油污泥含水率的影响

含油污泥的含水率影响着营养物质和石油烃的传质，含水率过低会使细胞活性受到抑制，过高又影响溶解氧的传递。此外，含油污泥中含水率还与石油烃类在水相中溶解量有关，因此含油污泥的含水率与微生物降解过程有较为复杂的关系。以含水率在 30%~40%、41%~45% 及 46%~50% 条件下的含油污泥体系为样本，探究不同工况下石油烃降解菌群的降解率，如图 5.10 所示。随含水率增加，含油污泥中含油量不断下降，因此增加含水率可提高含油污泥中的微生物降解效果。然而，在含水率 50% 的含油污泥中已有水分泌出，表明含油污泥基本水饱和，含油污泥中的空隙基本被水占据，通气能力极差，而且含水率过大也使含油污泥中的锯末腐烂降解得过快，从而降低了含油污泥的膨松度。由此可知，含油污泥的含水率控制在 41%~45% 时，石油烃降解菌群对污染物的降解可达最佳效果。

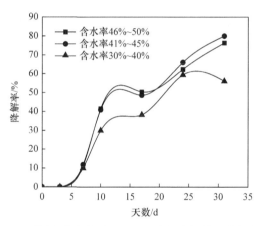

图 5.10　不同含水率含油污泥的石油烃降解菌群降解率变化

5.3.4　最优工况下原油组分的降解效率

通过气相色谱检测原油组分中 Pr/nC_{17} 和 Ph/nC_{18} 比值的变化来表明石油烃降解菌群在降解条件优化前和优化后对原油烷烃组分的降解特征。优化前、优化后菌群对原油中饱和烃降解，气相色谱分析结果见图 5.11。由此可知，空白对照组原油组分中 Pr/nC_{17} 和 Ph/nC_{18} 的比值分别为 3.03 和 4.35，而菌群在降解条件未优化的情况下培养 15d 后，其原油降解组分中 Pr/nC_{17} 和 Ph/nC_{18} 的比值分别为 0.207 和 0.465，说明原油组分中的饱和烃大部分已经被降解，而菌群在培养条件优化的情况下培养 15d 后，由于其饱和烃几乎完全被降解，效果十分好。

菌群在降解条件优化前、优化后对芳烃降解，气相色谱分析结果如图 5.12 所示。虽然优化前菌群对萘系芳烃和菲系芳烃已经可达到较高的降解率，但在降解

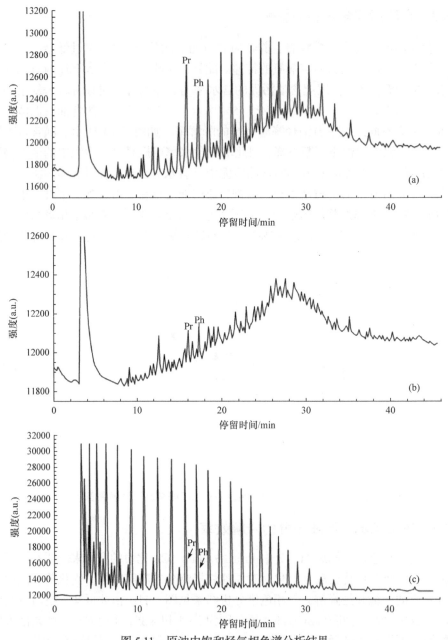

图 5.11　原油中饱和烃气相色谱分析结果

(a) 优化前；(b) 优化后；(c) 空白

条件优化后菌群对萘系芳烃的降解能力得到显著提升。由此可知，优化降解条件不仅提高了菌群对总石油烃的降解率，而且也有效提高了其对原油中难降解的饱和烃、芳烃组分的降解能力。

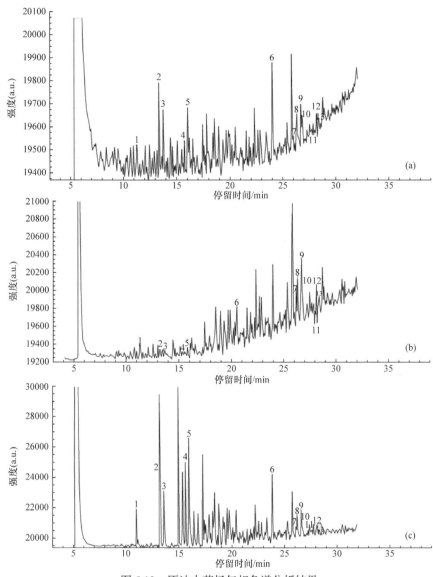

图 5.12　原油中芳烃气相色谱分析结果
(a) 优化前；(b) 优化后；(c) 空白

5.4　含油污泥微生物处理技术

5.4.1　微生物处理工艺

1. 堆肥法

落地污泥的堆肥法是将含油污泥与适当的材料混合并成堆放置，利用天然微生物或加入高效降解菌降解石油烃。堆肥法能保持微生物代谢过程中产生的热量，有利于石油烃的微生物降解。采用膨松剂增加持水性及透气性，可有效地加快含油污泥中烃类物质的微生物降解速度。在堆肥法中，半衰期为 2 周。该方法适用于夏季，作业点分散、作业场地大、含油污泥产生量大且初始含油量小于 5%的油泥(Jørgensen et al.，2000)。

2. 预制床法

含油污泥处理的预制床法是将含油污泥平铺在带有防渗、渗滤液回收等功能的预制床上。预制床的底面为渗透性低的物质，如高密度的聚乙烯或黏土，通过施肥、灌溉、翻耕、加入微生物和营养剂等，使其达到最适合污染物的降解条件(Thavasi et al.，2011)。与同一区域的原位处理技术相比，预制床处理对三环和三环以上的多环芳烃的降解率明显提高。适用于区块内井场集中、单次作业油泥量少的情况，适宜春、夏、秋三季处理。

预制床模型的各部分具体设计如图 5.13～图 5.15 所示。按照设计标准，床体

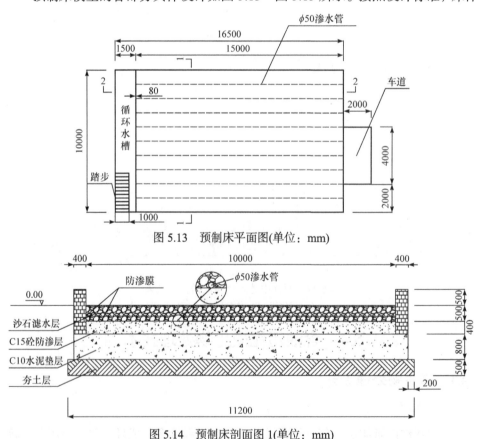

图 5.13　预制床平面图(单位：mm)

图 5.14　预制床剖面图 1(单位：mm)

模型一般长 15m，宽 10m；四周为砖砌 400mm 厚挡土墙，底部为 C15 的砼结构。床体净深 1m，底部与四周均作防渗处理。底部每隔 1m 铺设直径 50mm 的渗水管与水槽相连(渗水管的做法：将直径 50mm 的聚氯乙烯管每隔 10cm 用 5mm 的钻头钻孔，使孔成螺旋状分布，外被纱布包裹防止泥沙堵塞钻孔)。反应器底加入质量比 1∶1 的沙石填充夯土层至 50cm 厚，作为滤水层。在滤水层上直接对含油污泥进行微生物无害化处理。

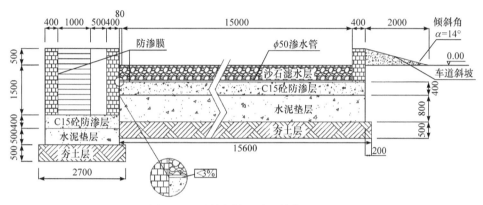

图 5.15　预制床剖面图 2(单位：mm)

3. 生物反应器法

为了营造微生物降解含油污泥的最佳环境条件，使各项控制参数能够保持在工艺参数的控制范围内，充分发挥微生物的降解活性，最大程度提高降解效率，缩短降解时间，使用具有自动调节控制参数的生物反应器成为重要途径(Tizzard et al.，2007)。生物反应器法适用于含油污泥量小、自然环境下难以实现微生物降解、污泥含油量高、有原油回收需求、堆肥法和预制床法难以有效处理、有需要及时对油泥进行处理的情况。

如图 5.16 所示，生物反应器在结构设计上分内罐体和外罐体，内外罐体之间有一夹层，夹层内部加有导热油，在夹层内有加热电阻丝，它的作用是将导热油加热，在加热过程中，把热量传导给罐内的物料，使内罐体的物料温度达到 30℃，以便使石油烃降解菌在比较稳定的环境中生长和繁殖。由温度控制器进行温度控制，当罐内温度达设定温度时，温度控制器停止加热。加料及搅拌时，主轴正反向定时自动交叉运转，使物料分布均匀，最终使含油污泥中的石油组分被微生物降解，在外罐体的外侧上部装有温度表，以便随时监测工作过程。工作结束后，电机带动绞龙反转，把内罐体的物料由出料口挤出。

生物反应器的上料系统采用上料卷扬机的方式。电机通过圆柱蜗杆减速器将转速降低并驱动卷筒，利用钢丝绳卷筒传动，把回转运动转换为直线移动，从而

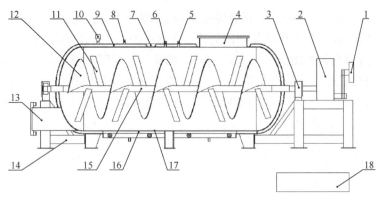

图 5.16　生物反应器示意图

1-电机；2-减速箱；3-联轴器；4-进料口；5-进水口；6-内筒放汽口；7-内筒温度表接口；8-放气孔；9-双层油罐；
10-进油口；11-桨片；12-绞龙；13-出料口；14-撬板；15-主轴；16-加热电阻丝；17-保温层；18-配电箱

牵引料车上下运动，完成上料的动作。生物反应器的搅拌系统是以电源为动力源，电机转动通过三角带连接圆柱齿轮减速器的输入轴，经减速后，减速输出端输出6r/min 的转速。减速器的输出轴由万向节和罐体主轴连接，带动罐体主轴以同样的转速转动。其中，传动系统主要包括电机、减速箱、联轴器、绞龙。温度控制系统主要由继电器、调谐部件、温度传感器、感温探头、电热器五部分组成，其系统结构如图 5.17 所示。

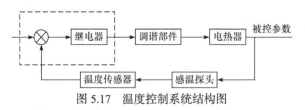

图 5.17　温度控制系统结构图

5.4.2　微生物处理流程与方案

含油污染土壤原位催化氧化修复流程如图 5.18 所示。首先，对含油污染土壤场地区域规划，针对土壤处理规模与污染区域特征合理设计临时存放点与微生物修复区域。其次，根据区域规划进行污染区、存放区与修复区的清挖和平整工作，并对存放区域和修复区铺设防渗层，将清挖后的污染土壤存放至临时存放区。再次，在修复区铺设药剂喷洒装置并设置围堰，将污染土壤粉碎筛分后平铺至微生物修复区域，投加微生物菌剂和营养药剂等，并补充水分。最后，利用旋耕机进行土壤翻耕，使得土壤与药剂混合均匀。

1) 场地区域规划

在场地区域划分前，按照前期作业区污染土壤预估方量进行初步设计。待污染土壤全部挖出，核实处理量后，再进行调整。总平面设计包括微生物降解区、

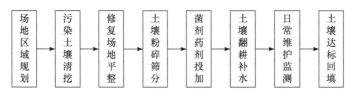

图 5.18 含油污染土壤原位催化氧化修复流程图

污染土壤临时存放区(表 5.9)。微生物降解区:根据作业区初探上报的污染土壤体积的 1.5 倍进行降解区设计,使用翻抛机堆高时按照 80cm 进行设计,使用拖拉机旋耕机堆高时按照 30cm 进行设计,使用手扶式微耕机堆高时按照 20cm 进行设计,计算微生物降解区面积。微生物降解堆体设计:使用翻抛机,微生物降解区堆垛截面设计为梯形,根据翻耕机的翻耕参数确定,高度宜控制在 80cm 以内;堆体间距 1m,如超过 4 列垛体时中间列间距 2.5m。

表 5.9 场地区域规划

区域	作用
微生物降解区	微生物降解污染土壤
污染土壤临时存放区	存放挖出的污染土壤及预处理粉碎

2) 污染土壤清挖与修复场地平整

根据土方开挖相关标准,挖土深度在 1.5m 以内(含 1.5m),不考虑放坡,直接清挖;超过 1.5m 的采取放坡措施。在埋地电缆、埋地管线附近,必须人工清挖、清掏。清挖后的污染土壤存放至铺设防渗层的临时堆放区。采用铲车对微生物修复区域铲出表层土壤 30~60cm,用于污染土壤基坑填平,如回填土方量不足,在修复区外围取表层土 10~20cm,然后将铲平区域整平压实。修复场地设置围堰并铺设防渗膜。

3) 土壤粉碎筛分

用旋耕机将井场含油土壤反复破碎至粒径小于 10mm,以适于微生物降解。取含油土壤样进行分析,得到含油土壤的理化性质,如含油量,环境温度与湿度,土壤温度与湿度、pH 等,绘制表格记录数据。

微生物降解区和污染土壤临时存放区底部铺设高密度聚乙烯膜土工膜(HDPE 防渗膜)。铺设之前对场所进行检查与丈量,选择适合的幅宽。铺设过程中应保证防渗膜平整顺直,把两幅相邻的防渗膜搭齐、对正,并按照要求将搭接处留 50cm 左右的重叠;对施工过程中已铺设好的 HDPE 防渗膜每隔 2m 距离用土压实,不影响下步施工。

为了防止防渗膜破损,采取以下措施:一是选取厚度 0.5mm 以上的土工膜;二是铲车转运进入微生物降解区时一边倾倒污染土壤,一边铺设防渗膜,防止碾压破坏；三是旋耕机及翻抛机在翻耕时，调整好旋齿的高度，防止刮坏防渗膜；四是发现破损及时修补。防止处理过程中污染土壤渗滤液渗透至地下或泄漏井场外，需对微生物降解区的场地进行防渗处理。场地防渗材料采用热塑性树脂材料——聚乙烯树脂，污染土壤处理达标回填井场后，防渗膜必须取出回收。

施工过程使用的主要设备有挖掘机、铲车、旋耕机及附属配套设备等，具体作用等如表 5.10 所示。处理过程中，根据处理要求在污染土壤表面覆盖塑料薄膜，保持微生物降解所需的温度、湿度等工艺条件，同时可以防止扬尘和雨水冲刷。施工中防渗膜、塑料薄膜用量及规格见表 5.11。

表 5.10　施工过程使用的主要设备及其作用

序号	名称	型号	规格	作用
1	挖掘机	—	155 型以上	开挖污染土壤
2	铲车	—	40 型以上	转运污染土壤
3	旋耕机	手扶式微耕机 拖拉机翻耕机 翻抛机	旋耕深度<23cm 旋耕深度<35cm 旋耕深度<75cm	翻耕污染土壤
4	破碎筛分	振动筛	筛分粒径<8mm	粉碎土壤颗粒
5	高压喷洒装置	RAMTEQ-XVG	—	喷洒药剂

表 5.11　施工中防渗膜、塑料薄膜用量及规格

名称	设计用量	规格
防渗膜	应大于微生物降解区面积与污染土壤临时存放区面积的 1.2 倍	厚度≥0.5mm
塑料薄膜	应大于微生物降解区面积的 1.2 倍，且必须覆盖至围堰外	厚度≥0.1mm

4) 微生物菌剂及营养药剂投加

根据井场处理面积计算需要微生物菌剂用量和清水用量，进行菌剂配比(含油污泥深度一般在 25cm，处理 $1m^2$ 含油污泥需要微生物菌剂 1.5L、清水 15L)，将配比后的微生物菌剂通过高温高压喷洒装置，对井场油泥进行喷洒。同时，根据与微生物菌剂用量配比相应的营养药剂进行高压喷洒，对场地上的含油污泥进行洒水处理，使含油污泥湿度在 30%左右，洒水处理在翻耕处理之前，保持含油污泥通透性。然后，用旋耕机进行翻耕，使含油污泥、微生物菌剂和营养药剂充分混合。

5) 土壤翻耕补水

该过程目的是控制微生物生长所需温度、湿度、主要营养物质、土壤 pH、溶解氧，使其适于微生物生长，提高其降解效率。日常维护项目包含含油污泥翻耕疏松、洒水、防雨等措施步骤。每 3d 用旋耕机对含油污泥翻耕疏松一次，翻耕时

应尽量将下部含油污泥翻至顶层。翻耕后再用耙子对含油污泥进行疏松，同时破碎含油污泥颗粒，平整均匀。每 3d 对含油污泥进行翻耕处理，翻耕深度不低于 20cm，同时在现场多点取样检测，记录数据。

6) 日常维护监测

降解过程中需要实时监控物料温度、湿度等参数，根据检测数据进行补水和翻耕。

补水：堆垛湿度小于 40%时，应补加水至 50%，补水完后进行翻耕。建议夏季每 3d、春秋季每 6d 洒一次水。

翻耕：通常每 7d 翻耕一次，若堆垛温度超过 60℃时，也应及时进行翻耕。

添加营养液：堆置 25～30d 后，结合最近一次翻耕作业，喷洒添加一次营养液，翻耕。营养液与水混合体积比为 1：5。

参 考 文 献

江闽, 赵宁华, 魏宏斌,等, 2018. 类芬顿氧化法处理 TPH 污染土壤的试验研究[J]. 中国给水排水, 34(3): 97-99.

雷志伟, 2013. 油田修井废水回注地层水质配伍性评价[D]. 西安: 西安建筑科技大学.

李宝明, 2007. 石油污染土壤微生物修复的研究[D]. 北京: 中国农业科学院.

刘五星, 骆永明,2015.土壤石油污染与生物修复[M]. 北京: 科学出版社.

祁燕云, 吴蔓莉, 祝长成,等, 2019. 基于高通量测序分析的生物修复石油污染土壤菌群结构变化[J]. 环境科学, 40(2): 869-875.

唐景春, 2014. 石油污染土壤生态修复技术与原理[M]. 北京: 科学出版社.

武洪杰, 谭周亮, 刘庆华,等, 2010. 一株高浓度苯胺、苯酚降解菌的分离鉴定及降解特性[J]. 应用与环境生物学报, 16(2): 252-255.

杨茜, 吴蔓莉, 曹碧霄,等, 2014. 石油降解菌的筛选、降解特性及其与基因的相关性研究[J]. 安全与环境学报, 2014, 14(1): 187-192.

詹研, 2008. 中国土壤石油污染的危害及治理对策[J]. 环境污染与防治, 3: 91-93,96.

郑金秀, 张甲耀, 赵晴,等, 2006. 高效石油降解菌的选育及其降解特性研究[J]. 环境科学与技术, 3:1-2,40,115.

朱秀荣, 2015. 油气田废弃钻井液危险性分析与评价[D]. 西安: 西安建筑科技大学.

JØRGENSEN K S, PUUSTINEN J, SUORTTI A M, 2000. Bioremediation of petroleum hydrocarbon-contaminated soil by composting in biopiles[J]. Environmental Pollution, 107(2): 245-254.

THAVASI R, JAYALAKSHMI S, BANAT I M, 2011. Effect of biosurfactant and fertilizer on biodegradation of crude oil by marine isolates of *Bacillus megaterium*, *Corynebacterium kutscheri* and *Pseudomonas aeruginosa*[J]. Bioresource Technology, 102(2): 772-778.

TIZZARD A C, LLOYD-JONES G, 2007. Bacterial oxygenases: *In vivo* enzyme biosensors for organic pollutants[J]. Biosensors and Bioelectronics, 22(11): 2400-2407.

第6章 多重物化−生物工程耦合技术工程应用

作为我国最大油气田，长庆油田开发对于缓解我国油气对外依存具有重要的战略意义。但该油田分布于陕西、甘肃、宁夏、内蒙古等极度缺水的生态脆弱区，属于典型的低渗透油田。为提高油气产能，常采用水平钻采、体积压裂等措施，其主要问题是耗水大、污染严重。水资源高效利用与生态环境保护是长庆油田开发面临的重大科技问题，但常规技术存在针对性差、实施效果难以保证的问题，因此以多重物化-生物工程耦合技术实现废水强效处理与污泥无害化处理是解决上述问题的关键途径(田辉，2016)。在此基础上，针对大型丛式井场作业废水的就地处理与再利用，通过车载移动式处理装备，组合固控、固液分离、定向氧化与污泥处置等单元可实现随钻并行的处理模式。针对废水量小的分散井场，分片区将废水收集输运至处理站集中处理，可实现废水再生和污泥生物修复的集中式工厂化处理模式。

6.1 随钻并行处理模式

针对大型丛式井场或产液量(需水量)较大井场，提出废弃钻井液的随钻并行水循环利用模式，即在钻井过程中，钻井液处理和钻井过程同时进行，实现钻井液的不落地循环利用(王杰，2011)，工艺如图 6.1 所示。

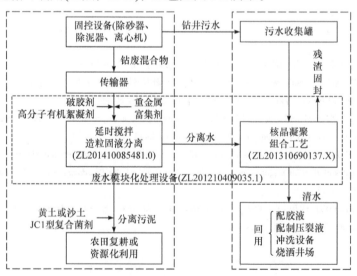

图 6.1 随钻并行水循环利用处理工艺

　　实现上述工艺路线所说的不落地连续运行，其核心在于废水的模块化随钻并行系列车载处理装置(图 6.2、图 6.3)。该装置将固液分离、污泥脱水、重金属富集与沉淀分离、分离水中有机物净化等功能集于一体，可根据废水水质情况对不同模块进行优化组合，达到实时控制与再生利用的目的。

图 6.2　随钻并行系列车载处理装置 1

图 6.3　随钻并行系列车载处理装置 2

6.1.1 压裂废水处理再利用应用实例

1. 井场压裂废水的基本性质

此应用实例主要介绍在陇东油田进行的井场压裂废水处理回用项目。对陇东油田 3 个井场(宁平-1、西平-7、阳平-11)压裂现场进行跟踪调研，并分析压裂废水水质特征(贺栋，2013)。表 6.1 为水平井压裂废水水质特征。

表 6.1　水平井压裂废水水质特征

分析指标	宁平-1	西平-7	阳平-11
pH	6.12	7.51	6.53
SS 含量/(mg/L)	327	612	278
黏度/(mPa·s)	10.3	14.8	12.4
COD_{Cr}/(mg/L)	4168	5156	4367
总铁含量/(mg/L)	15.9	16.3	10.1
平均腐蚀率/(mm/n)	0.036	0.061	0.027
含油量/(mg/L)	48.1	82.4	78.5
色度/倍	500	660	800

2. 废水处理工艺及控制参数

陇东油田 3 个水平井井场(宁平-1、西平-7、阳平-11)地处农田周边，环境敏感，水环境较为脆弱，因此选择该区域作为以配制压裂废水为目的的现场实验目的地。采用预氧化、混凝、沉淀、高级氧化、膜分离工艺对压裂废水进行处理，由于 3 个水平井压裂废水黏度偏高、有机物浓度也较高(任武昂，2012)，因此需要进行预处理，预氧化剂均采用过氧化氢，最佳投加量如表 6.2 所示。

表 6.2　处理各压裂废水的最佳投加量

指标和投加量	宁平-1	西平-7	阳平-11
水量/m³	400	500	500
水样颜色	黄褐色	灰黑色	黄色
过氧化氢投加量/(mL/L)	1.5	1.0	2.0
PAC 投加量/(mg/L)	100	800	600
助凝剂投加量/(mg/L)	10	5	5

3. 处理效果评价

陇东油田 3 个水平井井场(宁平-1、西平-7、阳平-11)压裂废水的处理效果如图 6.4～图 6.6 所示，所选处理工艺对 3 个水平井井场的压裂废水均具有较好的处理效果，相应的 COD_{Cr}、SS 和色度去除率均在 90%以上。由表 6.3、表 6.4 可以看出，地表水与宁平-1、西平-7、阳平-11 处理水通过投加屏蔽剂后，配制的压裂液基液黏度相差不大，投加一定量比例的交联剂后，用玻璃棒搅拌可形成均匀、可挑挂冻胶；压裂液破胶后的残渣量为 312mg/L、432mg/L、408mg/L、370mg/L，满足油田压裂残渣量小于 500mg/L 作业标准。破胶后地表水和各压裂液黏度分别为 3.16mPa·s、2.25mPa·s、3.73mPa·s、4.35mPa·s，满足破胶后黏度小于 5mPa·s 作业标准。当助排剂质量分数为 0.5%时，压裂液的破胶液表面张力分别为 24.72mN/m、19.23mN/m、25.21mN/m、23.11mN/m，据《水基压裂液技术要求》(SY/T 7627—2021)，当压裂液表面张力小于等于 32mN/m 时，可以满足压裂废水返排要求。

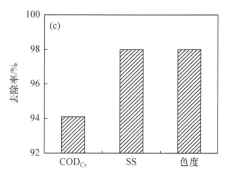

图 6.4　宁平-1 井场压裂废水的处理效果

(a) 废水池；(b) 交联情况；(c) 污染物去除率

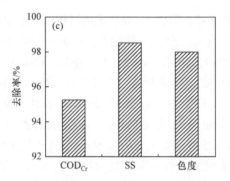

图 6.5　西平-7 井场压裂废水的处理效果

(a) 废水池；(b) 交联情况；(c) 污染物去除率

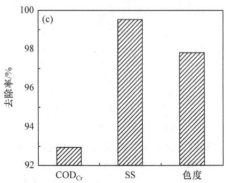

图 6.6　阳平-11 井场压裂废水的处理效果

(a) 废水池；(b) 交联情况；(c) 污染物去除率

表 6.3　3 个压裂废水处理后水质分析

分析指标	原水	不同压裂废水处理后水质分析		
		宁平-1	西平-7	阳平-11
色度/倍	100～700	10	15	25
COD_{Cr}/(mg/L)	1000～5000	246	247	310

分析指标	原水	不同压裂废水处理后水质分析		
		宁平-1	西平-7	阳平-11
pH	5~9	6.85	8.13	7.11
SS 含量/(mg/L)	200~600	6.54	9.18	1.39
总铁含量/(mg/L)	15~25	0.45	0.48	0.55
含油量/(mg/L)	50~80	1.29	1.97	0.78

表 6.4　地表水和处理水配制压裂液分析结果

项目	地表水	宁平-1 处理水	西平-7 处理水	阳平-11 处理水
基液黏度/(mPa·s)	61.1	58.7	57.9	62.1
交联性能	玻璃棒搅拌可形成均匀、可挑挂冻胶	玻璃棒搅拌可形成均匀、可挑挂冻胶	玻璃棒搅拌可形成均匀、可挑挂冻胶	玻璃棒搅拌可形成均匀、可挑挂冻胶
抗剪切性能	良好	良好	良好	良好
抗温性能	良好	良好	良好	良好
破胶后残渣量/(mg/L)	312	432	408	370
表面张力/(mN/m)	24.72	19.23	25.21	23.11
与添加剂配伍性	良好	良好	良好	良好
破胶后黏度/(mPa·s)	3.16	2.25	3.73	4.35

6.1.2　钻井泥浆处理再利用应用实例

此应用实例主要介绍在甘肃陇东油田的钻井泥浆处理水回用项目。对陇东油田 2 个井场(C46-5 井、H8-34 井)钻井现场进行设备应用，处理水分别用作压裂液与钻井液的配制(翟琦，2009)。

1. 处理水配制压裂液

由表 6.5 和表 6.6 可以看出，地表水与 C46-5 井、H8-34 井钻井泥浆处理水通过投加屏蔽剂后，配制的压裂液基液黏度相差不大，投加一定量比例的交联剂后，用玻璃棒搅拌可形成均匀、可挑挂冻胶；配制的 3 种压裂液破胶后的残渣量为 306mg/L、413mg/L、386mg/L，满足油田压裂残渣量小于 500mg/L 作业标准，破胶后黏度分别为 3.36mPa·s、2.28mPa·s、3.45mPa·s，满足压裂液破胶后黏度小于 5mPa·s 作业标准。当助排剂质量分数为 0.5%时，处理水配制的压裂液破胶后表面张力分别为 24.32mN/m、18.23mN/m、22.21mN/m，《水基压裂液技术要求》

(SY/T 7627—2021),当压裂液表面张力小于等于 32mN/m 时,可以满足压裂废水返排要求。

表 6.5　2 个压裂废水处理后水质分析

分析指标	原水	不同压裂废水处理后水质分析	
		C46-5 井	H8-34 井
色度/倍	100～700	10	15
COD_{Cr}/(mg/L)	1000～5000	256	264
pH	5～9	6.95	7.36
SS 含量/(mg/L)	200～600	6.59	8.18
总铁含量/(mg/L)	15～25	0.55	0.50
含油量/(mg/L)	50～80	1.15	1.56

表 6.6　地表水和处理水配制压裂液分析结果

项目	地表水	C46-5 井处理水	H8-34 井处理水
基液黏度/(mPa·s)	56.3	52.1	51.3
交联性能	玻璃棒搅拌可形成均匀、可挑挂冻胶	玻璃棒搅拌可形成均匀、可挑挂冻胶	玻璃棒搅拌可形成均匀、可挑挂冻胶
抗剪切性能	良好	良好	良好
抗温性能	良好	良好	良好
破胶后残渣量/(mg/L)	306	413	386
表面张力/(mN/m)	24.32	18.23	22.21
与添加剂配伍性	良好	良好	良好
破胶后黏度/(mPa·s)	3.36	2.28	3.45

2. 处理水配制钻井液

由表 6.7 可以看出,C46-5 井、H8-34 井钻井泥浆处理水配制的钻井液基液黏度、密度、滤失量、pH、降失水剂含量、钠土含量等指标相差不大,且都满足《中国石油天然气集团公司钻井液技术规范》(SY/T 8129—2020)。

表 6.7　处理水配制钻井液分析结果

项目	C46-5 井处理水	H8-34 井处理水	结论
基液黏度/(mPa·s)	23	21	符合
密度/(g/cm³)	1.15	1.03	符合
滤失量/(mL/30min)	9.8	8.5	符合

项目	C46-5 井处理水	H8-34 井处理水	结论
pH	9	9	符合
泥饼厚度/mm	0.8	0.5	符合
K-PAM*含量/%	0.35	0.40	符合
降失水剂含量/%	0.12	0.17	符合
钠土含量/%	6.3	6.9	符合
高黏堵漏剂含量/%	0.17	0.11	符合

注：*表示聚丙烯酸钾。

6.2　集中式工厂化处理模式

我国西北生态脆弱区的油气田属于典型的低渗透性油气田，所处区域为干旱半干旱生态脆弱的北方地区与西北地区，水资源极其匮乏，如何最大程度地利用钻采废水中的水资源，并将其用于钻井开发及措施作业是钻采废水处理与水再生利用的关键。生态脆弱区的油气田，井场较为分散，井场钻采废水量一般为 300～500m³。对此，可建立集中式处理厂站，将各分散井场中产生的钻采废水运送至处理厂站，运用工厂化运行与管理模式对其进行处置，处理后水可用于工厂自用、市政杂用或者再次配制工作液，固形物用以制备建筑用砖、路基材料或者用于土壤修复。钻采废水工厂化集中处理模式的工艺流程如图 6.7 所示。

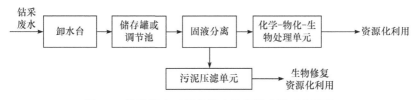

图 6.7　钻采废水工厂化集中处理模式的工艺流程

由内蒙古恒盛环保科技工程有限公司投资建设的"苏里格气田钻井岩屑/压裂返排液集中处理厂"位于内蒙古自治区鄂尔多斯市乌审旗境内，占地面积约 200亩(1 亩≈666.67m²)，处理规模为钻井岩屑 50 万 m³/a，压裂返排液 5000m³/d，是我国最大的油气钻采废液集中处理厂(何明舫等，2015)，由预处理、生物工程处理、电诱导臭氧气浮、深度处理以及资源化利用系统构成了厂区内的创新型处理技术工艺，产生的产品及副产品主要为蒸汽机械再压缩(mechanical vapor recompression，MVR)冷凝水、深度处理后的中水、免烧砖、路基材料及生物工程修复后的土壤(万瑞瑞，2012)。

1. 钻采废水水质特性与处理要求

苏里格气田钻采废水主要为钻井岩屑(即为各钻井井场泥浆不落地装置分离后岩屑、砂和泥混合固体)及压裂返排液。根据实际检测结果,这些废弃物中含有多种有害物质,如油类、盐类、钻井液各种添加剂(人工合成或改性高分子聚合物)、可溶性有害离子等,环境危害性高。为满足处理后出水水质可以达到植被绿化、道路浇洒及配置井场工作液的要求,集中处理厂出水水质需符合《污水综合排放标准》(GB 8978—1996)、《城镇污水处理厂污染物排放标准》《GB 18918—2002》及《城市污水再生利用 城市杂用水水质》(GB/T 18920—2020)的各项规定。同时,为使钻井泥浆处理后的固形物质可以达到沙坑土壤填埋、制备免烧砖和路基材料的要求,处理后固形物质的性质应分别满足《土壤环境质量 农用地土壤污染风险管控标准(试行)》(GB 15618—2018)、《危险废物鉴别标准 浸出毒性鉴别》(GB 5085.3—2007)与《混凝土路面砖》(GB 28635—2012)的各项规定。

2. 钻井岩屑及压裂返排液集中处理厂工艺流程

苏里格气田钻井废弃物主要为压裂返排液及钻井岩屑,图 6.8 为苏里格气田钻井岩屑及压裂返排液集中处理厂的处理流程。在压裂返排液预处理工段,通过铁碳微电解技术,提高水体可混凝性,再使用核晶凝聚技术对压裂返排液进行固液分离。针对钻井岩屑预处理工段,首先通过溶气气浮及延时搅拌分离等物化手段实现钻井岩屑的固液分离,所产生的固相部分进入免烧砖、路基材料制作工段,

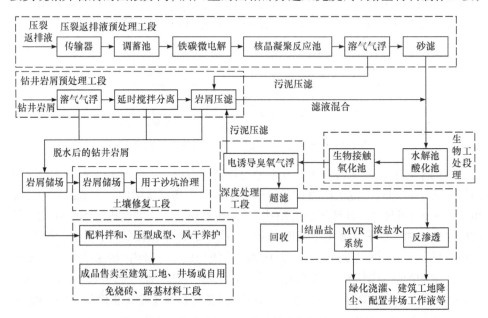

图 6.8 苏里格气田钻井岩屑及压裂返排液集中处理厂的处理流程

剩余固相经过土著降解菌-功能菌复合菌剂的处理之后，用于沙坑治理；所产生的液相通过压滤工段与上述预处理后的压裂返排液进行混合，进入生物处理工段。在生物处理工段，通过水解酸化-生物接触氧化处理工艺，实现水体中残留有机物的微生物降解，并脱除水体中的氮磷等营养物质；随后采用电诱导臭氧气浮工艺对生物接触氧化池的出水进行深度处理，使得水体中的有机物进一步降解，最后污水进入膜处理组件，经过两级膜处理工艺可大幅度提高中水的回收率。由于膜处理产生的浓盐水中含盐量大，直接排放对环境形成很大隐患，因此在浓盐水后接 MVR 系统，实现水体中盐分结晶回收(何明舫等，2015)。

3. 处理效果

1) 钻井岩屑及压裂返排液集中处理厂预处理工段

苏里格气田钻井岩屑因含水率相对较高，预处理工段主要进行脱水，减少其含水率。苏里格气田钻井压裂返排液是一种黏度极高的黏稠液体，含油基液，由高分子聚合物、天然植物淀粉、交联剂等组成。压裂返排液预处理着重于脱除由添加剂带来的大量植物胶、交联剂等胶体物质，同时兼具除硬作用。预处理工段包括延时搅拌固液分离系统与铁碳微电解反应+核晶凝聚装置，分别如图 6.9、图 6.10 所示。

图 6.9　延时搅拌固液分离系统

(1) 钻井岩屑预处理。由苏里格气田钻井井场拉运至厂区钻井岩屑卸入卸料泥斗进行溶气气浮，随后液相通过延时搅拌工段后进行压滤，压滤后的岩屑送至制砖厂房，或送至微生物修复床添加复合菌剂，完成污染物降解过程，用于后续的免烧砖制作、路基材料制作及沙坑治理工段。压滤产生的滤液经过沉淀后，上清液进入压裂返排液接收井，跟随压裂返排液进行生物处理和深度处理。

(2) 压裂返排液预处理。用罐车将压裂返排液从井场运入厂内，卸入接收井后进入厂区调蓄池(兼做应急池)内储存。调蓄池中的压裂返排液通过泵输送至 pH 调节池，投加盐酸和氢氧化钠调节水体 pH，经酸碱调节后的压裂返排液在铁碳微

图 6.10　铁碳微电解反应+核晶凝聚装置

电解的作用下使水中难降解有机物分解，提高水体混凝性。随后废液进入核晶凝聚反应池，加入复合凝聚剂和复配絮凝剂，进行固液分离处理。液相中细小悬浮物经进一步去除后，液相进入水相调节池中与其他水体混合后进一步处理，渣体(主要为污泥)通过渣浆泵输送到压滤工段，经过浓缩池压滤脱水后与固相岩屑共同处理。如图 6.11 所示，项目组对预处理工段出水进行了连续监测。结果表明，经过各项预处理后，钻井岩屑与压裂返排液的水质性状显著改善，为下一步进行生物处理提供了良好的基础。

2) 钻井岩屑及压裂返排液集中处理厂生物处理工段

预处理过程中加入的无机物质使得污水矿化度大大提高，水的活性较低，进而抑制了微生物的生长，但某些嗜盐、耐盐微生物可在高盐环境中很好地生长，这些微生物的存在使高矿化度污水的生物处理有了一定的物质基础。因此，在集中处理厂的设计与运行过程中采用水解酸化-生物接触氧化工艺，实现污水的微生物降解。现场生物处理工段如图 6.12 所示。

(1) 水解池和酸化池。在水解过程中，利用水解菌的新陈代谢作用将废水中

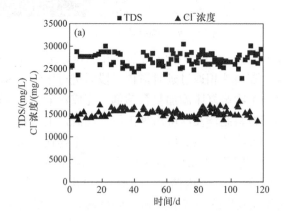

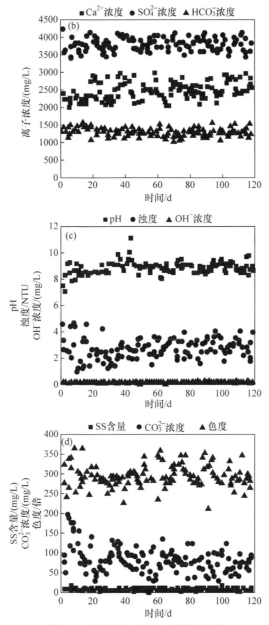

图 6.11　预处理工段出水指标监测

(a) 预处理出水中 TDS 和 Cl⁻浓度变化; (b) 预处理出水中 Ca^{2+}、SO_4^{2-} 和 HCO_3^- 浓度变化; (c) 预处理出水中 pH、浊度和 OH⁻浓度变化; (d) 预处理出水中 SS 含量、CO_3^{2-} 浓度和色度变化

图 6.12　钻井岩屑及压裂返排液现场生物处理工段

固体有机物质降解为溶解性物质，大分子有机物质降解为小分子物质，具体表现为污染物的断链和水溶，从而提高出水的可生化性，并可以利用水解段较强的抗冲击能力，避免冲击性来水影响好氧段稳定运行(Thavasi et al.，2011)。在酸化过程中，利用产酸菌的新陈代谢作用将废水中碳水化合物等有机物降解为有机酸，主要是乙酸、丁酸和丙酸等。水解酸化工艺大幅提高了废水的可生化性和降解速度，有利于后续好氧生物处理。

(2) 生物接触氧化池。生物接触氧化法兼有活性岩屑法及生物膜法的特点，是一种好氧生物膜法工艺，主要设备是生物接触氧化池。在曝气池中悬挂塑料蜂窝填料，填料被水浸没，用鼓风机在填料底部进行鼓风曝气充氧，空气能自下而上夹带待处理的废水，自由通过滤料部分到达地面，空气逸出后废水则在滤料间格自上向下返回池底。活性岩屑附在填料表面，不随水流动，生物膜直接受到上升气流的强烈搅动不断更新，从而提高了净化效率。长期监测结果证明，经过生物处理工段后，污水中溶解性、胶体类有机污染物明显被去除，同时在微生物新陈代谢的作用下，污水中氮磷污染物的含量也显著降低(图 6.13)。

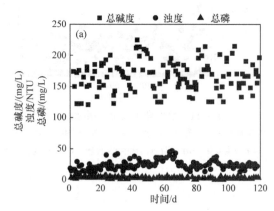

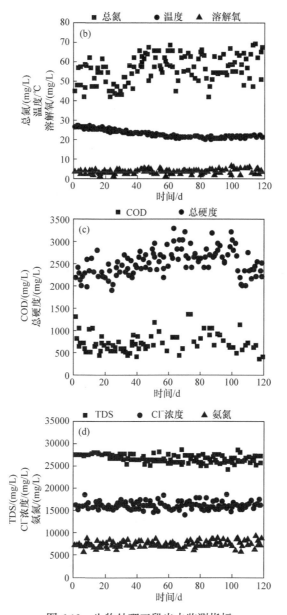

图 6.13　生物处理工段出水监测指标

(a) 生物处理出水中总碱度、浊度和总磷变化；(b) 生物处理出水中总氮、温度和溶解氧变化；(c) 生物处理出水中 COD 和总硬度变化；(d)生物处理出水中 TDS、Cl⁻浓度和氨氮变化

3) 钻井岩屑与压裂返排液集中处理厂深度处理工段

为使处理后的出水能够达到《污水综合排放标准》(GB 8978—1996)、《城市污水再生利用　城市杂用水水质》(GB/T 18920—2020)及《城镇污水处理厂污染

物排放标准》《GB 18918—2002》标准，采用电诱导臭氧气浮处理+膜处理+MVR
处理的工艺对生物处理工段出水进行深度处理，如图 6.14 与图 6.15 所示(张登庆
等，2002)。通过电化学诱导改变水中污染物的电性，结合电解氧化还原强化有机
物官能团的化学转化，有效改善污染物的凝聚性，最后通过气浮作用实现固液分
离(James，2010；Lee et al.，2008)。通过膜过滤作用对水中的无机盐进行浓缩，
从污水水体中分离出可回收利用的中水，以减少高浓盐水的处理量；对于分离出
的高浓盐水采用 MVR 技术进行蒸发脱盐，使无机盐以结晶体的形式从水体中脱
除(巩翠玉等，2012；王波等，2008)。

图 6.14　电诱导臭氧气浮处理系统

图 6.15　膜处理及 MVR 处理系统

　　为保证处理用膜元件的稳定性和可靠性，延长膜元件的使用寿命，在污水进
膜前通过电诱导臭氧气浮处理技术进一步降低水体中难降解的有机物含量，并起
到过滤除浊作用。电诱导臭氧气浮工段出水指标如图 6.16 所示。由图 6.16 可知，
经电诱导臭氧气浮工艺处理后，钻采废水中 COD 去除率达 80%以上，但出水中
氨氮、TDS、总硬度、含盐量仍然较高，因此需通过膜过滤对水中的无机盐进行浓
缩，从废水中分离出可回收利用的中水，以减少高浓盐水的处理量(Ternes，2003)。

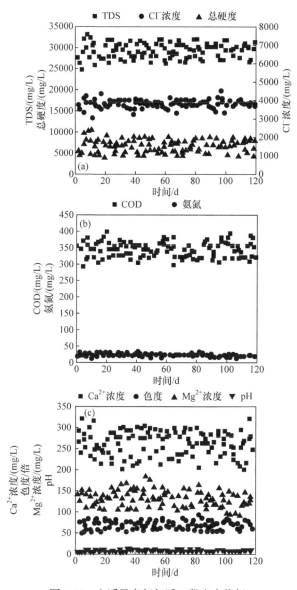

图 6.16　电诱导臭氧气浮工段出水指标

(a) 电诱导臭氧气浮出水中 TDS、Cl⁻浓度和总硬度变化；(b) 电诱导臭氧气浮出水中 COD 和氨氮变化；(c) 电诱导臭氧气浮段出水中 Ca²⁺浓度、色度、Mg²⁺浓度和 pH 变化

　　经过一系列处理后的废水采用超滤膜和反渗透膜两级膜处理对其进行浓缩。首先，通过超滤膜系统使水体达到反渗透膜系统进水水质要求，然后通过两级反渗透膜系统，实现脱盐要求。如图 6.17 所示，经过电诱导臭氧气浮处理及膜处理之后，出水水质得到显著净化，并且经具有中国检测机构和实验室强制认证

(China Inspection Body and Laboratory Mandatory Approval, CMA)资质的单位检测可知，膜处理出水水质满足市政用水、配制工作液等用水要求，可直接回用(蒋继辉等，2014)。

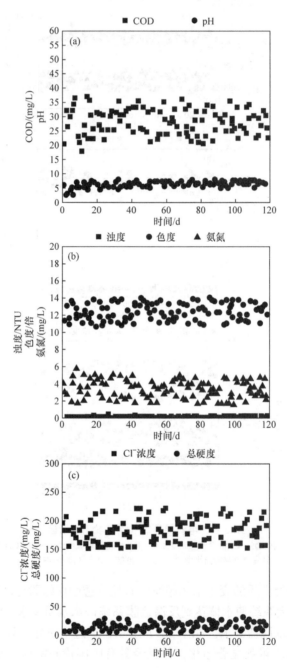

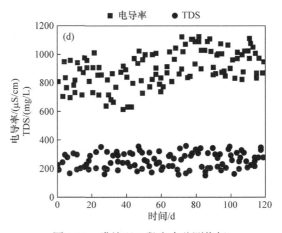

图 6.17　膜处理工段出水监测指标

(a) 膜处理工段出水中 COD 和 pH 变化；(b) 膜处理工段出水中浊度、色度和氨氮变化；(c) 膜处理工段出水中
Cl⁻浓度和总硬度变化；(d) 膜处理工段出水中电导率和 TDS 变化

　　由膜处理系统所产浓盐水进行高盐废水蒸发时采用三效蒸发器，即 MVR 系统进行蒸发处理。MVR 设备产生约 110℃的新鲜蒸汽在管外给热，将浓盐水加热沸腾产生约 100℃的二次蒸汽，产生的二次蒸汽由涡轮增压风机吸入，经增压后二次蒸汽温度提高至约 110℃，作为后续的浓盐水加热热源进入加热室循环蒸发。正常启动后涡轮压缩机将二次蒸汽吸入，经增压后变为加热蒸汽，就这样源源不断进行循环蒸发，蒸发出的水分最终变成冷凝水排出。MVR 处理工段出水指标监测结果如图 6.18 所示，冷凝水水质良好，并且经具有 CMA 资质的单位检测可知，MVR 出水水质满足市政用水、配制工作液等用水要求，可直接回用，所产生的结晶盐经干燥后返回井场，可用于配制压裂返排液(万里平等，2003)。

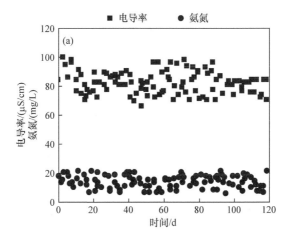

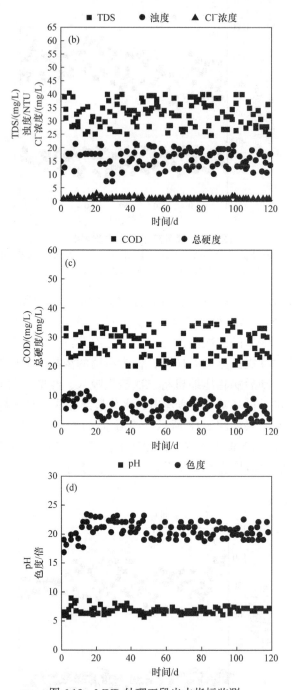

图 6.18　MVR 处理工段出水指标监测

(a) MVR 处理出水中电导率和氨氮变化；(b) MVR 处理出水中 TDS、浊度和 Cl⁻浓度变化；(c)MVR 处理出水中 COD
和总硬度变化； (d) MVR 处理出水中 pH 和色度变化

4) 钻井岩屑及压裂返排液集中处理厂资源化利用工段

经压滤后的部分固体物质送至生物工程修复场进行复合菌剂添加混合处理，在修复反应完成之后运输至沙坑治理区域完成沙坑填埋，生物修复后的土壤满足《土壤环境质量　农用地土壤污染风险管控标准(试行)》(GB 15618—2018)。剩余压滤后的固体物质与普通硅酸盐水泥、胶黏剂或石灰粉经充分拌和后进入压制成型机，压制成型后输送至带遮雨棚的养护场，阴凉风干约 20d 后即可得成品免烧砖和路基材料，如图 6.19 与图 6.20 所示。按照《固体废物　浸出毒性浸出方法　水平振荡法》(HJ 557—2010)中所述步骤，由具有 CMA 资质的检测单位对砖坯体和路基材料进行了毒性测试并出具检测报告。检测结果表明，本项目免烧砖、路基材料各项检测指标均小于《危险废物鉴别标准　浸出毒性鉴别》(GB 5085.3—2007)中的浓度限值，因此本项目免烧砖、路基材料为一般固体，可以自用或外售至苏里格气田井场、建筑工地进行综合利用。

图 6.19　压滤后固体物质制备免烧砖

图 6.20　压滤后固体物质制备路基材料

参 考 文 献

巩翠玉, 杜娜, 侯万国, 2012. 絮凝–微纳气泡法处理采油废水[J]. 环境工程学报, 6(5): 1531-1535.

何明舫, 来轩昂, 李宁军, 等, 2015. 苏里格气田压裂返排液回收处理方法[J]. 天然气工业, 35(8): 114-119.

贺栋, 2013. 陇东油田水平井压裂废水再生利用技术研究与利用[D]. 西安: 西安建筑科技大学.

蒋继辉, 冀忠伦, 任小荣, 等, 2014. 长庆油田压裂废水回收再利用方式探讨[J]. 油气田环境保护, 24(5): 35-36, 83-84.

任武昂, 2012. 陇东油田井场废水汇入集输系统配伍性实验研究[D]. 西安: 西安建筑科技大学.

田辉, 2016. 气田压裂废水循环利用技术研究[D]. 西安: 西安建筑科技大学.

万里平, 李治平, 赵立志, 等, 2003. 探井残余压裂液固化处理实验研究[J]. 钻采工艺, 26(1): 91-93.

万瑞瑞, 2012. 中和混凝、氧化法在油田压裂废水处理中的应用研究[D]. 西安: 西安建筑科技大学.

王波, 陈家庆, 梁存珍, 等, 2008. 含油废水气浮旋流组合处理技术浅析[J]. 工业水处理 28(4): 87-92.

王杰, 2011. 油田压裂废水的模块化处理技术[D]. 西安: 西安建筑科技大学.

翟琦, 2009. 废弃钻井液处理技术与生态修复研究[D]. 西安: 西安建筑科技大学.

张登庆, 任连锁, 2002. 电气浮技术在油田采出水处理中的应用研究[J]. 石油矿场机械, 31(2): 11-14.

JAMES K E, 2010. Dissolved air flotation and me[J]. Water Research, 44: 2077-2106.

LEE B H, SONG W C, MANNA B, et al., 2008. Dissolved ozone flotation (DOF)—A promising technology in municipal wastewater treatment[J]. Desalination, 225(1-3): 260-273.

TERNES T A, 2003. Ozonation: A tool for removal of pharmaceuticals, contrast media and musk fragrances from wastewater?[J]. Water Research, 37(8): 1976-1982.

THAVASI R, JAYALAKSHMI S, BANAT I M, 2011. Effect of biosurfactant and fertilizer on biodegradation of crude oil by marine isolates of *Bacillus megaterium*, *Corynebacterium kutscheri* and *Pseudomonas aeruginosa*[J]. Bioresource Technology, 102(2): 772-778.